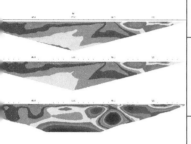

中山大学地球物理学
野外综合实习指导书

ZHONGSHANDAXUE DIQIU WULIXUE
YEWAI ZONGHE SHIXI ZHIDAOSHU

侯卫生 肖 凡 成 谷 ｜编
徐 啸 李 伦 沈旭章 ｜著

中山大学出版社
·广州·

图书在版编目（CIP）数据

中山大学地球物理学野外综合实习指导书/侯卫生，肖凡，成谷，徐啸，李伦，沈旭章编著. —广州：中山大学出版社，2020.10
ISBN 978 - 7 - 306 - 07003 - 6

Ⅰ. ①中… Ⅱ. ①侯… ②肖… ③成… ④徐… ⑤李… ⑥沈… Ⅲ. ①地球物理学—教育实习—高等学校—教材 Ⅳ. ①P3 - 45

中国版本图书馆 CIP 数据核字（2020）第 204869 号

ZHONGSHANDAXUE DIQIU WULIXUE YEWAI ZONGHE SHIXI ZHIDAOSHU

出 版 人：王天琪
策划编辑：曾育林
责任编辑：曾育林
封面设计：曾　斌
责任校对：马霄行
责任技编：何雅涛
出版发行：中山大学出版社
电　　话：编辑部 020 - 84110771，84113349，84111997，84110779
　　　　　发行部 020 - 84111998，84111981，84111160
地　　址：广州市新港西路 135 号
邮　　编：510275　传　　真：020 - 84036565
网　　址：http：// www. zsup. com. cn　E-mail：zdcbs@ mail. sysu. edu. cn
印 刷 者：广州市友盛彩印有限公司
规　　格：787mm × 1092mm　1/16　6.875 印张　166 千字
版次印次：2020 年 10 月第 1 版　2020 年 10 月第 1 次印刷
定　　价：25.00 元

前　　言

地球物理综合实习是地球物理学专业本科教学中的重要组成部分。在完成地球物理学专业课程理论教学的基础上，野外综合实习可以深化基础理论内涵。在实习过程中，学生需要结合相应的地质任务，学习并初步掌握各种地球物理方法的工程设计、数据采集、数据整理、资料解释以及实习报告编写等各个环节，构建解决实际地质问题与地球物理方法应用之间的桥梁，为进入毕业论文阶段以及今后走上本专业工作岗位打下基础。

《中山大学地球物理学野外综合实习指导书》是地球物理教学团队教师在地球信息科学与技术专业综合实习的基础上，结合近10年的地球物理野外教学工作内容编写而成，旨在为学生在野外实习过程中提供简明、及时的指导和帮助。

本实习指导书共8章。其中，第1章、第3章由侯卫生编写，第2章、第5章由肖凡编写，第4章、第6章由成谷编写，第7章由侯卫生和李伦编写，第8章由徐啸和沈旭章编写，全书由侯卫生统稿审定。

本书的编写得到了中山大学本科教学质量工程项目资助，并得到了学校教务部和学院领导以及参与专业教学实习老师的真诚指导和热心帮助，在此表示衷心的感谢！

编　者

2020 年 6 月

目　录

第 1 章　绪　　论

1.1　课程目的和任务

地球物理综合实习是地球物理学专业本科教学的重要环节。在完成重力、磁法、电法、地震学等专业课程的理论教学基础上，学生通过野外综合实习，进一步理解基础理论内涵，将解决地质问题融入地球物理教学过程中，促进地球物理学理论与实践的融合，从而达到提升理论认知、拓宽学生知识面、提高实际工作能力的目的。

本实习采用将野外地质条件、地球物理方法与和工程任务相结合的方式，开展专业教学实习。其具体目的是：

（1）巩固课堂理论教学成果，深化学生对地球物理理论知识的理解。

（2）通过野外教学实践，使学生进一步熟悉并掌握地球物理野外数据采集的工作思路和技术。

（3）进一步培养学生的动手能力，以及分析和解决地球物理野外实际问题的能力。

（4）结合地质任务，培养学生地球物理数据综合分析能力，以及学生的组织和管理地球物理工作的能力。

（5）培养和提升学生的独立思考能力、文字表达能力和口头表达能力。

（6）进一步培养学生实事求是、严肃认真的科学态度，增强勇于探索、不畏艰苦的工作作风。

（7）结合地质任务，培养学生组织和管理地球物理工作的能力。

因此，本次实习要求学生做到：

（1）能理解地球物理仪器工作的基本原理，熟练操作实习所用到的各地球物理专业仪器，切实掌握各种仪器安全的主要措施。

（2）针对具体地质任务，初步掌握磁、电、地震等地球物理方法在野外施工各个环节的基本工作流程和相关技术要求。

（3）掌握各种地球物理方法的野外工作设计、资料整理、数据处理、图件绘制、数据解释和报告编写。

（4）独立完成各种方法的实习报告。

1.2 课程安排和教学内容

地球物理综合实习分两个阶段：野外工作阶段 20 天，室内工作阶段 8 天。其中，室内工作阶段在校内完成。

1.2.1 课程安排

1.2.1.1 野外工作阶段

野外工作按照浅地表地球物理勘探方法和天然地震波观测综合开展实习，全体实习队成员分成 2 组开展工作，具体安排如表 1 - 1 所示。

表 1 - 1 野外工作安排

日　期	任　务　安　排
第 1 天	前往实习地
第 2 天	实习情况介绍，踏勘
第 3 天	短周期地震仪、宽频带地震仪布设
第 4 天	重力、大地电磁测量（组1、组2）
第 5 天	重力、大地电磁测量（组1、组2）
第 6 天	浅层地震反射数据采集（组1）、地质雷达野外数据采集（组2）
第 7 天	浅层地震反射数据采集（组1）、地质雷达野外数据采集（组2）
第 8 天	浅层地震面波数据采集（组1）、高密度电法野外数据采集（组2）
第 9 天	浅层地震面波数据采集（组1）、高密度电法野外数据采集（组2）
第 10 天	浅层地震折射数据采集（组1）、高精度磁法野外数据采集（组2）
第 11 天	浅层地震折射数据采集（组1）、高精度磁法野外数据采集（组2）
第 12 天	室内数据初步处理
第 13 天	浅层地震反射数据采集（组2）、地质雷达野外数据采集（组1）
第 14 天	浅层地震反射数据采集（组2）、地质雷达野外数据采集（组1）
第 15 天	浅层地震面波数据采集（组2）、高密度电法野外数据采集（组1）
第 16 天	浅层地震面波数据采集（组2）、高密度电法野外数据采集（组1）
第 17 天	浅层地震折射数据采集（组2）、高精度磁法野外数据采集（组1）
第 18 天	浅层地震折射数据采集（组2）、高精度磁法野外数据采集（组1）
第 19 天	回收短周期地震仪、宽频带地震仪，进行实习总结
第 20 天	返回学校

1.2.1.2　室内工作阶段

室内工作主要包括实习前期工作和实习后期数据处理及解释工作，具体包括：

（1）仪器设备检查、排除仪器故障。

（2）熟悉数据采集、处理、分析和解释软件。

（3）查阅实习区相关文献。

（4）处理和解释野外采集的数据，主要包括重力、高精度磁测、地质雷达、高密度电法、大地电磁、浅层地震和短周期地震数据的处理与解释。

（5）实习报告编写等。

1.2.2　教学内容

（1）地球物理数据采集野外方法。包括重力、高精度地面磁法的测线与基站布置、野外数据采集方法，浅层地震剖面设计、记录获取，高密度电法、大地电磁和地质雷达数据采集等。

（2）地球物理数据处理方法。主要包括重力、磁实际数据处理基本方法，地震数据处理基本流程，高密度电法数据的处理与分析，大地电磁数据处理流程，地质雷达数据的处理流程，以及这些数据处理过程中应注意的事项等。

（3）地球物理数据的地质解释。通过综合运用多种地球物理方法，探明实习区内断裂带的深部结构与诱发地震的地质与地球物理背景，进一步探索实习区断裂带与地震活动性之间的关系，使学生充分理解地球物理方法与地质问题之间的耦合。

1.3　教学实习有关规定和纪律

1.3.1　实习组织

（1）按照教学实习大纲的要求选派实习指导教师，并成立实习队，确定实习队长，明确指导教师的分工。

（2）实习队教师负责做好实习的各项准备工作，包括野外路线踏勘、实习备课、联系基地安排等。

（3）准备实习所需的地质、地球物理资料。

（4）提前检查并准备实习所需的仪器设备。

1.3.2 实习纪律

实习期间，实习队教师和学生必须遵守国家法律法规，遵守学校各项规章制度、学院教学实习的相关制度，以及实习基地的相关规定。

（1）实习期间，严格遵守实习基地的作息制度，不得迟到、早退。

（2）实习期间，师生事假需向队长请假，不得擅自离队。

（3）实习期间，高度重视安全保障工作，确保师生、仪器和饮食安全。

（4）做好野外防护工作。野外工作时，不得佩戴隐形眼镜，不得着短衣、短裤，不得穿拖鞋。

（5）实习期间，保密资料和图件按在校要求管理。

（6）实习队师生按照教学要求参加每日的野外和室内工作。

第2章　重力勘探

2.1　重力勘探教学实习大纲

2.1.1　实习目的

重力勘探方法实习的目的是将理论和实践相结合，使每位学生掌握重力勘探工作的各个环节，主要包括：

（1）重力勘探工作的设计。结合地形、地质条件以及地质任务，设计重力点测网和工作流程。

（2）掌握重力仪操作方法。实践、操作 CG-5 重力仪器，把握重力仪操作中的注意事项。

（3）重力野外观测和密度标本采集。

（4）重力勘探资料的整理以及数据处理。

（5）重力异常的解释。

（6）重力勘探实习报告的编写等。

2.1.2　基本要求

（1）在实习区，以小组为单位自主选择合适的重力测量路线，每位实习成员都参加重力勘探所有工作环节，正确操作重力仪，确保重力数据获取的质量。

（2）实习期间，每位实习成员都必须端正学习态度，严格遵守实习的各项规章制度和纪律，保证实习人员与仪器设备的安全，以最终圆满完成实习任务。

2.1.3　实习内容

（1）实习区野外踏勘，熟悉地质概况（地层、构造、岩浆岩等），了解不同岩石的密度及地球物理性质，采集标本在实验室中测定密度等地球物理参数。

（2）熟悉重力勘探技术设计与野外施工的基本方法、CG-5 重力仪的操作与练习。

（3）讨论并制订实习区（拟订路线）重力勘探的工作方法和技术方案（如基点、测站的布置等）。

（4）学习地形（近区、中区）改正的计算方法。

（5）整理重力测量资料，采集岩石密度标本并进行密度测定。学习布格重力异常计算、图示、处理与解释。

（6）学习重力勘探报告编写的基本原则与方法，撰写此次实习的重力勘探成果报告。

2.2 地质任务和工作设计原则

2.2.1 地质任务

重力勘探实习的地质任务主要为：设计合适的测量路线（剖面），调查实习区内隐伏断裂构造及岩浆岩分布。

2.2.2 工作设计原则

重力勘探设计应遵循以下基本原则：

（1）选定恰当的比例尺。测量比例尺的大小反映了对测区研究对象或异常体研究的详细程度。一般遵循不漏掉最小勘查对象所引起的异常为基本准则，通常根据地质任务，地质体的规模、形状以及异常的特征来予以合理确定。如若进行面积性勘探工作，要保证至少有1条测线能够穿过异常体，即测线间的间距（线距）不能大于异常体的水平延伸范围。

（2）拟订正确的测线方向。①测线方向应尽可能垂直于已知异常或勘查对象的走向（图2-1）；②尽量与其他物探（磁法、电法等）剖面重合或者平行；③要注意测量工作中布点、施工等的方便。

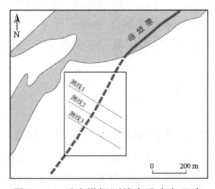

图 2 - 1　重力勘探测线布设方向示意

（3）选取适合大小与形状的测区范围。①尽量使勘探对象位于测区中部，且测区内有一定范围的正常场，以确保异常的完整性；②尽可能包含一部分已知地质条件的区域，以便于解释异常。一般而言，重力教学实习为小范围、大比例尺的野外观测，应根据实际情况尽可能采用形状规则的测区如矩形测网，即测点按一定的间距（即点距）均匀地分布在测区内。在已知勘探对象上方，可适当加密测点。

（4）采取与测量比例尺相匹配的测量网度（点距与线距）。规则测网由相互平行、等间距的测线以及测线上等间距分布的测点组成。一般用线距和点距来表示测网密度，如 500×200、100×25、50×20 等，并且要求测网的点、线距之比一般不小于 1/4。依据《重力调查技术规范（1∶50000）》（DZ/T 0004—2015）和《大比例尺重力勘查规范》（DZ/T 0171—2017），各比例尺设计的测网如表 2-1 所示（适用于平原-丘陵地区），可供实习中重力设计参考。

表 2-1　中小比例尺重力勘探的测网设计参考

测量比例尺	线距/m	点距/m
1∶50000	500	100～250
1∶25000	250	50～100
1∶10000	100	20～50
1∶5000	50	10～25
1∶2500	25	5～10
1∶2000	20	5～20
1∶1000	10	2～10
1∶500	5	1～5

2.3　仪器性能测试评价

2.3.1　仪器检查及注意事项

（1）持续供电，否则需重新加温使仪器稳定（约 48 h，视情况而定）。

（2）避免磕碰和过度摇晃，运输和搬运过程中尽量直立。

（3）每日工作前，应按照要求对检查重力仪的温度及纵、横水泡等，确保重力仪处于正常工作状态，检查结果应记入记录本。

（4）进行外业作业时，需带上座充，以备电池过度放电，重力仪本身无法在其充电时使用；若不能充电，需用座充对电池进行标定，无法标定则表明电池

损坏。

（5）重力发生变化时，参数设置好后，在下个点或者下次野外作业时，不需要做任何改动。

（6）仪器重力测量前，Service 选项里的 Calibration 一定要"OFF"，否则进行仪器的各项校正。

（7）外业测量时，建议每天转储数据。

（8）外业测量时，如果是新仪器，第一个月每周进行两次漂移校准，以后每个月一次或者根据仪器的特性定期校准（做静态试验）。

（9）倾斜传感器一般比较稳定，但也需大约每两个月校准一次。

2.3.2　重力仪静态试验

重力仪静态试验目的是了解重力仪在静态条件下的混合零点漂移量及其线性程度，结合动态试验成果来确定重力仪等的闭合时间。静态实验方法及注意事项如下：

（1）选择温度环境变化较小、地基稳固、无振动干扰的场地。

（2）在正式施工前要求连续观测 24 h 以上。

（3）手动读数时，每隔 30 min 观测一次；自动读数时，记录周期一般选为 1～5 min。

（4）观测数据经理论固体潮校正后，计算出各观测时刻的观测重力值，绘制重力仪的静态零位移曲线，并用线性回归计算出混合零点位移漂移。当观测值的随机波动和漂移率指标均达到使用要求时，仪器方可投入使用。

2.3.3　重力仪动态试验

重力仪动态试验目的是了解重力仪在动态条件下所能达到的测点观测精度，结合静态试验成果来确定重力仪等的闭合时间，估算基点联测仪器的均方误差。动态试验分为两点动态试验和多点动态试验。在开展重力仪性能试验时，应采用多点动态实验方法，并在实习区完成；在挑选重力仪时，可采用两点动态试验。动态试验方法及注意事项为：

（1）选择地基稳固、干扰较小的试验点。

（2）正式施工前要求连续观测时间覆盖仪器的实际使用的区间，一般建议连续观测时间 10～12 h。

（3）观测资料经理论固体潮校正和段差修正后，绘制重力仪的动态零位移曲线及线性回归直线，按照"最大偏差小于设计的测点重力观测均方差"的要求，确定重力仪漂移线性变化的最大时间间隔（基点闭合时间长度）的依据，以及野外的最佳工作时间段。

2.3.4　仪器的一致性检验

仪器的一致性检验目的是检查实习中所使用的仪器之间的偏差（或差异），保证投入生产的重力仪均能满足设计书的测点重力观测均方差牙签，并了解每台重力仪的观测均方差。进行一致性检验的方法及注意事项如下：

（1）在重力差较大（基本覆盖测区重力变化范围）的试验场地，选择 20 ～ 30 个点（点距与实际点距相当或相邻点重力差 2 mGal 左右）进行多台仪器的同点观测。

（2）对每台重力仪在各试验点上的观测重力值进行固体潮、零点校正。

（3）通过绘制一致性曲线图，了解不同仪器对相同重力变化响应的一致性程度，判断仪器目前的性能状况，并确定各台仪器的当前状况是否满足施工要求。

2.4　野外数据采集与质量评价

2.4.1　基点选择与观测

教学实习的重力测量采用的是相对测量方法。为了提高重力野外测量精度，控制仪器在测量过程中的零点漂移以及其他干扰因素对仪器测量结果的影响，并将观测结果换算到统一的参考水平，需在重力测量的过程中建立重力基点。基点是重力值和重力异常的起算点，也是重力测量的质量控制点。因此，基点选择对重力观测质量具有很重要的影响。

基点应选择在地基较稳固、周围无振动源、联测较方便、近期不被占用、附近地形和其他引力质量近期不会有较大变化的地段。基点不得选择在陡崖、大型建筑物、涵洞、桥梁或河堤旁，并远离湖泊、海岸线、车流量较大的公路旁等地段。基点应尽量选择在正常场区。

对于测量范围较大的区域，一般需建立基点网（由多个基点构成）。采用重复观测法建立基点网，并按照闭合环路进行联测，其技术要求参照 DZ/T 0004—2015 中的 7.1 执行。

教学实习测区范围较小，只需设立 1 个重力测量总基点即可。无须建立基点网。必要时可采用三重小循环进行联测的方法从总基点向外延伸 1 ～ 2 个支基点。

重力测量工作开始与结束时，均需在基点上进行观测，目的是及时了解对重力仪的性能状况（如零点漂移、稳定性等），并准确地对各观测点进行零点漂移校正。

中山大学地球物理学野外综合实习指导书

2.4.2 普通测点观测

普通测点是为观测测区内地质对象所引起的重力异常而布置的重力观测点。它一般采用单次观测方法进行测量，观测注意事项概括如下：

（1）对于每个工作时间单元，重力观测必须起始于基点、止于基点。

（2）首尾两次基点间的观测时间，以不超过仪器零位变化线性范围的最大时间间隔为准。

（3）在每一个测点上读取 3 个读数，要求最大差值小于 10 μGal；否则，应重新观测。以平均读数作为该点的测量结果，并记录观测时间。记录格式可以参照《大比例尺重力勘查规范》（DZ/T 0171—2017）中的附录 D.1。

（4）在每个测点需测定并记录仪器的高程，以便后续进行校正工作。

2.4.3 检查观测

普通测点重力观测质量决定了后续数据处理的效果，以及地质解释的正确性。因此，需开展普通测点观测质量的检查工作。在检查测点质量时，一般随机抽取一定数量的测点作为检测点，对这些检测点进行单次检查观测；比较检查观测所获得的重力值与原始测量结果，利用统计方法来确定重力测量结果的质量。检查观测一般应遵循以下原则：

（1）检查点应采用离散点随机抽查，在空间上的分布应大致均匀，并在不同地形类别区均有分布。

（2）检查点个数应占总测量点数的3%～5%，且不少于30个。

（3）在进行检查观测时，应按照"一同三不同"即同点位、不同仪器、不同操作员、不同闭合单元的要求进行。当采用单台重力仪工作时，应按照"二同二不同"即同点位、同仪器、不同操作员、不同闭合单元的要求进行。

（4）检查工作随外业工作进度同步进行，并贯穿野外工作的全过程。

教学实习重力实习勘探面积比较小，相应的测点个数不多，可考虑采用全部测点作为检查点，即进行全部重复观测。此外，在每天的重力测量工作中，做到不同台班之间互相检查，以及时发现问题，避免出现大量不合格的测量工作。

2.4.4 岩石密度测定

岩石密度数据是对重力观测结果进行各项校正，以及对重力异常进行推断解释的直接依据。获取密度数据包括搜集整理前人已有的数据和实测岩石密度标本

· 10 ·

两个方面，是进行重力勘探不可或缺的重要工作环节。

通常，根据异常解释的实际需要来确定岩石密度测定工作的方案，并按照工区的地层、岩浆岩、岩脉等的出露条件，采集密度标本并测定密度数据。岩石密度测量时一般应注意以下事项：

（1）以岩性单元为主采集标本，并具有系统性与代表性。

（2）同一地层单元的不同出露地段，应采集物性标本，采样点分布应大致均匀、合理。在每一个统计单元内，要求采集的标本数量不少于 30 块。

（3）致密岩（矿）石物性标本规格要求为 3 cm×4 cm×4 cm 的长方体或 4 cm×4 cm×4 cm 的正方体，质量为 100～300 g。疏松层及未固结松散沉积物取样称重的规格为 50 cm×50 cm×50 cm 的正方体。

（4）统计岩石标本密度的测定数据，以算术平均值作为各类岩石的密度的最终测定结果，用标准差表示其离散程度。

（5）地层的平均密度可根据岩石密度的测定结果统计获得，也可利用重力剖面法等确定。

2.4.5　地形校正

地形校正简称"地改"，是重力勘探工作中的重要内容之一。地改工作量往往比较大，而且过程较为烦琐，特别是在山区（地形起伏大），地改的效果对重力异常精度起着至关重要的作用。

教学实习工区范围较小且地形相对平坦，地改工作相对比较简单。一般情况下，地改工作按近区、中区和远区 3 个区进行，具体可参考以下方案：

（1）近区地改（0～20 m）：可采用实测法或选择适宜比例尺的 DEM 数据，选择适宜的公式进行改正。实习中，可分为 0～10 m 和 10～20 m，共 2 环，在实地利用简易地改仪进行测量获得改正值。每环分为 8 个扇形锥或扇形柱，作圆域地改。

（2）中区地改（20～500 m）：分为 20～50 m、50～100 m、100～200 m、200～300 m、300～500 m 共 5 环，用地改量板从 1∶10000 地形图中量算出高差值后，进而从地改表中查出相应的改正值（附录）。其中，前 3 环分为 8 个扇形柱，后 2 环分为 16 个扇形柱，作圆域地改，读图及地改值计算可参见表2－2。

（3）远区地改（大于 500 m）：由理论可知，远区改正值已变得非常微小了，故往往省略这项工作，而不会对局部重力异常的形态产生较大的影响。

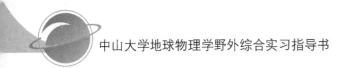

表 2-2　中区地形改正计算

测点号：　　　　　　　　测点高程：　　　　　　各环总改正值/μGal：

地改范围	项　　目	1	2	3	4	5	6	7	8	地改值（μGal）
20～50 m	高程/m									
	高差/m									
	改正值/μGal									
50～100 m	高程/m									
	高差/m									
	改正值/μGal									
100～200 m	高程/m									
	高差/m									
	改正值/μGal									
200～300 m	高程/m									
	高差/m									
	改正值/μGal									
300～500 m	高程/m									
	高差/m									
	改正值/μGal									

2.5　资料处理、数据处理与图件绘制

2.5.1　重力观测数据整理

在获取重力观测原始资料后，需要根据普通测点及观测时间段的首尾基点的重力观测值，以及各个观测值的获得时间、仪器高数据，开展各项数据整理工作，以获得相对重力值。具体包括：固体潮校正、线性零位移校正和仪器高校正等。可参考表 2-3 来记录和计算。

表 2-3　普通测点重力观测计算

测区名称：　　　　　观测日期：　　　　　　　操作员：　　　　　计算者：
测区范围：　　　　　仪器编号：　　　　　　　记录员：　　　　　校对者：

测点号	测点坐标	平均读数	观测时间	仪器高	固体潮校正值	零位移校正值	仪器高校正值	相对重力值/μGal

　　在检查点上重复进行重力测量，获得检查观测的重力值，按单次等精度检查观测精度（ε）的计算公式为：

$$\varepsilon = \pm\sqrt{\frac{\sum_{i=1}^{n}(\delta g_i)^2}{n}} \qquad (2-1)$$

式中，δg_i 为第 i 次观测的重力值，n 为观测次数。

　　计算获得普通测点观测精度值后，编制重力测点检查观测精度统计表（表 2-4）。

表 2-4　重力测点检查观测精度统计

测点号	观测重力值	检查重力值	偏差值/δg	测点号	观测重力值	检查重力值	偏差值/δg

2.5.2 布格重力异常计算

首先，根据初步整理获得的测点重力值（g_k），按照以下公式：

$$\Delta g_B = g_k + \Delta g_T + \Delta g_b - g_\varphi \qquad (2-2)$$

分别进行地形校正（Δg_T）、正常场校正（纬度校正，g_φ）、布格校正（中间层与高度校正，Δg_T），计算布格重力异常值（Δg_B）。

随后，根据测点位置（经纬度坐标）和高程的测量精度来计算正常场校正精度（ε_φ）和布格校正的精度（ε_b），根据各个分区地形校正的检查结果计算地形校正的精度（ε_t），并结合已经获得的重力检查观测精度（ε_k），用以下均方根公式计算得到布格重力异常的精度（ε_a）：

$$\varepsilon_a = \pm \sqrt{\varepsilon_k^2 + \varepsilon_t^2 + \varepsilon_b^2 + \varepsilon_\varphi^2} \qquad (2-3)$$

最终，根据上述计算结果，编制实习工区布格重力异常计算表（表2-5）。

表2-5 实习工区布格重力异常计算

测点号	相对重力值 g_k	纬度	经度	测点高程 H	正常场校正值 g_φ	布格校正值 Δg_T	地形校正值 Δg_T	布格重力异常 Δg_B

2.5.3　数据资料分析和解释

2.5.3.1　布格重力异常剖面（平面）图绘制与检查

选择合适的比例尺，在方格纸上手工绘制布格重力异常剖面图，或建议使用专业的绘图软件绘制图件。要求图幅设计规范、要素齐全、整洁美观，如图 2-2 所示。

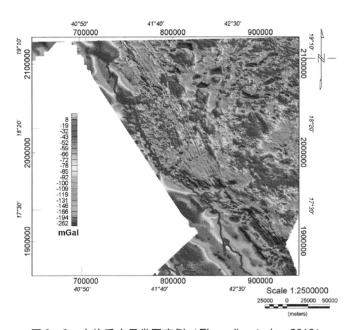

图 2-2　布格重力异常图实例（Elawadi，et al.，2012）

根据所绘制的布格重力异常图的基本形态与特征，结合实习区已知的地质（地质图、剖面图等）和其他物探（电法、磁法等）信息，对布格重力异常剖面图的可靠性、合理性等做出初步判断。如发现可疑数据（特殊的测点或特殊的异常），要及时检查原始记录及计算过程，核对数据采集和绘图过程中是否存在技术性错误。如个别测点出现明显的畸变（即特异值），可予以剔除以便于成图。必须强调的是，如果是在测量的关键点（如地质界线点、潜在异常体的位置及其附近）出现畸变，应谨慎处理，建议进行野外验证，以进一步判断畸变的原因：是数据采集时的随机噪声或干扰，还是局部强烈的异常信息？畸变点消除后，才能采用异常圆滑等预处理方法对重力数据进行下一步的处理。

2.5.3.2　布格重力异常数据处理与解释

重力异常数据处理与转换的目的是解析异常中所包含的不同层次的异常信

息（区域异常和局部异常信息），并通过有效的方法提取其中有用的（或有地质意义的）异常信息。常用的方法很多，根据实际情况选择使用。

本次实习区的面积较小，相应的重力勘探剖面也比较短，地质构造和重力场背景场都不是很复杂：断裂、岩性接触面较陡立、地质体之间密度差异较明显，这些都是进行重力测量的有利条件。建议采用以下重力异常处理与解释方法：

（1）重力异常的分离：将实习区的布格重力异常的趋势背景看作呈线性变化，进行线性异常背景处理。通过异常的分离处理，可得到反映区域地质体（第四系沉积盖层、地层及岩体等）密度不均匀产生的区域异常（背景异常）以及仅反映地下局部密度不均匀（岩性及构造界面）分布而引起的局部重力异常（剩余重力异常）。

（2）局部重力异常的定性解释：根据局部重力异常的形态、大小、规模等信息，结合测区已知的地质信息（地层、构造、岩浆岩），可定性解释地质界线的基本特征，譬如，断层、接触带的大致位置与产状，岩脉或岩体的两侧边界位置、水平宽度等（图2－3）。如果想得到更详细的一些信息，建议对布格重力异常进行进一步处理，如向上/向下解析延拓、滤波、水平/垂向高阶导数等，并结合多种数据处理结果进行综合判定分析。

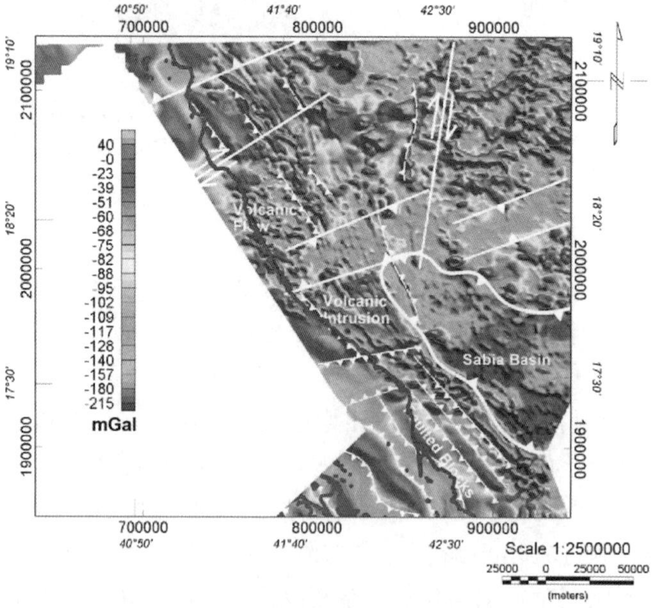

图2－3　局部重力异常的定性解释实例（Elawadi，et al.，2012）

（3）局部重力异常的定量解释：对局部重力异常进行定量反演，结合地质资料和岩石密度数据，设计勘探目标（地质体）的几何－物理模型，运用专业软件或自己编写程序计算模型重力异常。反复修改模型，直至理论模型计算所得的重力异常值与实测重力异常值相吻合（拟合结果较好），以最终获得局部重力异常的二维定量解释结果（图 2-4）。这里需要强调的是，定量反演时应充分考虑其他地质因素的影响，如第四系地层/沉-坡积物等。必要时，应该借鉴其他地质、地球物理资料以达到定量解释的目的，推断地下地质构造、场源体的位置和埋藏参数等目的。

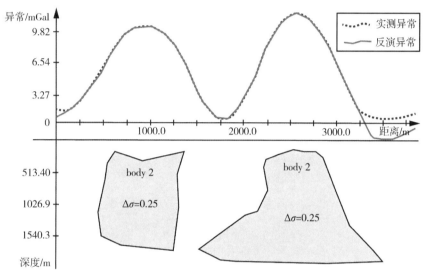

图 2-4　局部重力异常的定量解释（反演）实例

（据 Nyakundi et al.，2017 修改）

2.5.3.3　异常处理和解释图件编制

根据实际异常处理和解释过程所采用的方法和结果，编写实习报告，绘制所需的各种处理和解释图件表格，具体包括：

（1）实习区交通地理图。

（2）实习区地质图。

（3）重力勘探技术设计表。

（4）实际材料图（标明测线、测网、基点、检查点等在工区的位置）。

（5）普通点重力观测成果表。

（6）检查观测精度统计表。

（7）岩石密度测定与统计表。

（8）测点地形改正表。

（9）布格重力异常计算表。

（10）布格重力异常剖面图（或平面图）。

（11）布格重力异常划分图（区域异常与局部异常划分）。

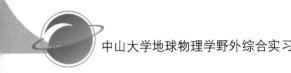

（12）布格重力异常的各种水平及垂向导数图。

（13）重力异常的定性解释图。

（14）重力异常的定量解释图（各种数值模拟、反演等）。

需要注意的是，正式的重力勘探图件中必须包括图框、图名、图幅号、接图表、比例尺、图例、技术说明、责任表和密级等基本绘图要素，根据需要使用。其中，（10）～（14）中所采用的比例尺应一致。

第 3 章　磁 法 勘 探

3.1　磁法勘探教学实习大纲

3.1.1　教学目的

磁法勘探（简称"磁测"）是通过观测地磁场变化特征来开展地质勘探工作的一种地球物理方法，是理论性和实践性相融合的一种地球物理勘探方法。学生需要通过野外实习来掌握高精度磁测工作的基本原理、方法技术及仪器操作使用，并达到以下基本要求：

（1）巩固理论教学成果，深化对地磁场理论和地磁勘探理论的认知和理解。

（2）训练高精度磁测野外工作方法和技术，了解和掌握高精度磁测野外工作全过程。

（3）掌握高精度磁测数据分析和整理、资料图示及解释的基本技能。

（4）掌握高精度磁测工作设计书和实习报告的编写方法与要点。

3.1.2　教学实习的要求和内容

实习期间，要求每位学生全程参与高精度磁测工作的所有过程，即工作设计、野外观测、室内资料整理、成果图示、资料处理与解释和实习报告编写等。

通过本次教学实习，学生应该掌握以下基本技能：

（1）结合地质工作任务和要求，选择并确定测区、测网、工作比例尺和磁测精度。

（2）高精度磁测野外工作的基本方法和流程，以及数据质量的保证措施。

（3）质子旋进磁力仪工作的基本原理及其性能检测方法和评价标准。

（4）高精度磁测野外工作质量检查和评价方法。

（5）高精度磁测野外观测数据的校正方法、基本处理方法。

（6）高精度磁测图件的绘制和基本要求。

（7）结合地质任务，对高精度磁测数据进行地质解释。

（8）高精度磁测野外工作设计书及实习报告的编写。

3.2　地质任务和工作设计原则

探测目标及其周围物质间的磁性差异是高精度磁法勘探的基本前提。探测目标体磁性差异越大、埋深越浅、规模越大，对磁法勘探工作越有利。需要注意的是，实习区中的电场、磁场干扰的大小，以及干扰能否被识别和压制也是影响磁法勘探效果的重要因素之一。

根据工作任务，参照教程和有关规范，实习同学按小组共同制定和确认各项技术指标，并在实习中严格参照执行，以达到培养高精度磁测专业技能的目的。

3.2.1　地质任务

高精度磁测教学实习依据实习区的地质条件，要实现以下基本地质任务：

（1）采集实习区内各类岩石标本，测定标本的磁性参数。

（2）根据野外实际情况，合理设计磁测剖面和精度。

（3）按照工作设计，利用质子旋进磁力仪开展磁测工作，查明研究区的断裂走向和岩体的分布。要求数据质量可靠、分析结果可信。

（4）结合磁性参数特征，对磁测数据进行各种校正和分析，对磁异常进行定性或定量解释。

（5）通过实习，熟悉高精度磁测工作的基本流程，提高实践动手能力。

3.2.2　高精度磁测工作设计要点

3.2.2.1　磁性参数测定

实习区地质体磁性参数的调查、采集、测量和统计是磁测工作中重要的一个环节，是确认磁法勘察工作可行性的前提和基础，也是磁异常定性和定量解释等工作的基础。因此，磁测工作设计必须包含磁性参数测定的相关内容。

实习过程中，地质体标本采集与磁性参数测定工作主要应做到以下几点（地质矿产部，1993）：

（1）采集标本地点的选取：在异常和矿化蚀变地段、有新鲜岩石的地方。

（2）标本需要有代表性，每个测点不应少于 5 块标本。

（3）同类岩矿石的物性参数测定数量应该大于 30 块。

（4）定向标本的采集，应在露头确定一个平面，并在其上标出磁北方向和水平面空间位置；一般可用罗盘仪定向，强磁性矿区（或磁性体）应使用经纬仪或 GPS 定向。

（5）磁参数的测定灵敏度应不低于 10^{-5} SI，且要与磁测总精度相适应，并满足异常解释的需要。

需要注意的是，当磁化率大于 0.01 SI 时，要做退磁改正。

3.2.2.2　磁测工作精度及选择原则

磁测总精度是测点观测误差（含操作误差、点位误差、仪器噪声均方误差、仪器一致性误差以及日变改正误差），各项改正误差（如总基点改正、正常场改正与高度改正等）的总和（地质矿产部，1993）。在工作设计时，可根据实习区实际条件，在保证总精度的前提下，各分项精度参考表 3-1 进行误差分配。

磁测精度是由最小有意义的探测目标体所能引起的磁异常强度来确定的。通常情况下，在一般普查性磁测工作时，磁测精度设定为最小有意义的最弱异常极大值的 1/6～1/5。异常详查和配合详查评价的磁测工作，其精度应根据异常特征和所需等值线间隔确定，并满足解释推断时可能用到的某些数据处理技术对磁测精度的特殊要求。

表 3-1　磁测误差分配（地质矿产部，1993）

磁测总误差/nT	野外观测均方根误差/nT					基点、高程及正常场改正误差/nT			
	总计	操作及点位误差	仪器一致性误差	仪器噪声误差	日变改正误差	总计	正常场改正误差	高程改正误差	总基点改正误差
5	4.36	2.65	2.0	2.0	2.0	2.45	1.0	1.0	2.0
2	1.56	1.1	1.1	0.7	0.5	0.7	1.212	0.7	0.7
1	0.87	0.7	0.3	0.3	0.3	0.497	0.28	0.28	0.3

3.2.2.3　测区、测网、比例尺

测区范围以所发现的磁异常具有完整的轮廓，且磁异常周围需要有一定面积的正常场背景为准则，并尽可能囊括一定范围的已知区，如以往做过磁测工作区域或地质条件已知的区域。

在布设测网时，测线距应不大于成图比例尺上 1 cm 的长度，并保证至少有一条测线通过最小有意义的探测目标体的上方；测点点距应能确保测线上至少有 3 个连续测点能在既定工作精度上反应异常。当实习区干扰较强时，可以将异常范围内的连续测点的最少个数增加到 6～9 个。通常而言，比例尺和测网密度应该满足表 3-2 的对应关系（地质矿产部，1995），其中线距允许变动范围为 20%。由于实习区的范围相对较小，一般采用 1∶500 的比例尺或连续测量的观测方式。

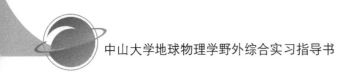

表3-2　比例尺与测网密度的对应关系（地质矿产部，1995）

磁测比例尺	长方形测网		正方形测网
	线距/m	点距/m	线距＝点距/m
1∶50000	500	100～250	500
1∶25000	250	50～100	250
1∶10000	100	20～50	100
1∶5000	50	10～20	50
1∶2000	20	5～10	20
1∶1000	10	2～5	10
1∶500	5	1～2	5
连续测量	—	＜1 m	—

　　各实习小组在讨论和选择确认工作设计后，需要明确并记录野外工作中的各项参数（表3-3），以便在工作中参照执行。各个实习小组在某些技术指标上可以有差异，并建议各小组总结由参数差异所引起探测效果的异同。

表3-3　磁测工作设计主要技术要求一览

本组人员			
本组工作任务和目标			
本组具体工作安排			
本组测区面积		工作比例尺	
测网密度		测线方位	
精测剖面方位		精测剖面点距/m	
日变观测站址和观测参数			
定点方式及要求			
观测方式及探头高度			
磁测质量检查方式及要求	（平稳场、异常场、畸变点检查）		
磁性参数测试方式及要求			
备注			

3.3　仪器设备的性能测试与评价

实习时，观测同一参量的仪器类型要尽可能相同。用于生产观测、日变观测及磁性参数测定等各类仪器应配套。所选取仪器的各项性能必须满足设计书的要求，仪器精度应能满足磁测总精度的要求。如仪器达不到上述要求，则需进行检修，待达到要求或配套齐再行开展工作。

3.3.1　仪器性能检测标定

在实习开始前，需要对用于观测的（包括备用的）仪器性能、精度和仪器间的一致性进行现场校验，以保证满足实习的具体要求。

现有磁力仪的读数分辨率已经可以达到或优于 0.1 nT。但是，仪器整体噪声水平往往可以达到 0.2～0.3 nT。因此，在开展野外磁测工作前，需要测定仪器的噪声水平。

当有 3 台及以上磁力仪同时工作时，应选择磁场平稳且无干扰的地点，以日变测量模式进行观测，探头间距离为 5 m 以上。观测时各台仪器要达到秒级同步。理论上，仪器噪声是随机的，仪器数量多，噪声对这些仪器观测值的平均值的影响将趋于零。因而，可以把这些仪器的多次观测所得到的平均值作为观测点地磁场的"真值"。那么，每台仪器的噪声均方根值就为：

$$S = \sqrt{\frac{\sum_{i=1}^{n}(\Delta X_i - \Delta \overline{X}_i)^2}{n-1}} \qquad (3-1)$$

式中，ΔX_i 为第 i 时的观测值 X_i 与起始观测值 X_0 的差值，$\Delta \overline{X}_i$ 为这些仪器同一时间观测差值 ΔX_i 的平均值，n 为总观测数（一般取 100）。

如果仪器少于 3 台时，在磁场平稳且无干扰的地点以日变观测方式开展连续观测。仪器的噪声均方根值则为：

$$S = \sqrt{\frac{\sum_{i=1}^{n}(X_i - \widetilde{X}_i)^2}{n-1}} \qquad (3-2)$$

式中，X_i 为第 i 时的观测值，$i=1, 2, \cdots, n$；$\widetilde{X}_i$ 为第 i 时滑动平均值；n 为总观测数，建议 $n>100$。当读数间隔为 5～10 s 时，按 7 点滑动计算平均值。当读数间隔为 0.5～1 min 时，则按 5 点滑动计算平均值。

3.3.2 磁力仪观测均方误差与一致性测定

磁力仪观测均方误差是操作质量、点位误差、探头高度误差、日变改正误差等各种误差的综合反映，是评价磁测工作质量的主要指标。在测定仪器的观测误差与一致性时，需要选择磁场稳定且无干扰的地点，其中少数点要处于较强的异常场上（约为均方误差的 5 倍以上）。参与测定的各台仪器在同一测线上的相同测点位置做往返观测，测点数建议为 50～100 个。对观测值进行日变改正后，每台仪器的观测均方误差 ε 为：

$$\varepsilon = \pm \sqrt{\frac{\sum_{i=1}^{n} V_i^2}{m-n}} \qquad (3-3)$$

式中，V_i 为某次观测值，包括参与计算平均值的所有数值与该点各次观测值平均数之差；n 为检查点数；m 为观测总数，为各检查点数上全部观测次数之和。

当仪器噪声达不到要求，或存在明显系统误差，或观测均方误差不能满足要求时，应及时查明原因，重新进行调节和校验。如调节和校验仍不能达到要求，应该停止使用。

3.4 野外数据采集及质量评价

3.4.1 日变观测及校正点

开展高精度磁测野外数据采集时，需建立地磁场日变化观测站，以观测地磁场在野外数据采集期间的变化。

日变观测站选择基本原则为（地质矿产部，1993）：

（1）位于正常磁场内。

（2）磁场水平梯度和垂直梯度变化较小，在半径 2 m 及高差 0.5 m 范围内磁场变化应小于设计总均方误差的1/2。

（3）附近磁场平稳，远离人文设施、交通方便。

在开展地磁场日变观测时，需注意以下几点（王传雷，2012）：

（1）测点位置应以木桩做标记，每次观测时探头高度应保持一致。

（2）每次观测时，探头高度应保持一致。

（3）挑选仪器性能好、内存大的磁力仪。

（4）采样间隔应符合工作对日变改正误差的要求，一般选择 10～30 s 之间。

（5）在野外观测时，日变观测工作始于早校正点观测时间之前，止于晚校正点观测时间之后。

（6）注意保护日变观测仪器。尽量把磁力仪主机放在能避风遮雨、防止阳光曝晒的容器内；要安排专人守护日变观测站，防止他人靠近仪器探头，影响日变观测质量。

（7）应在日变观测点 10 m 以外的磁场平稳处设立校正点，并以木桩作标记。在一个工作日的开始前和结束后，每台仪器均应在该点进行校正点测量。以日变校正后的工作前后两次校正点场值之差评定该仪器全天的工作质量。如果两次校正点场值之差大于 2 倍的磁测观测精度，则该仪器全天的测量数据作废。

3.4.2 磁测工作原始记录

实习工区附近磁场干扰源较多且复杂。当探测的目标体积不够大时，有意义的异常往往难以体现。在野外观测时，应及时、准确记录可能引起磁场变化的各种干扰，如岩体出露点、陡坡、电线（缆）、建筑物等，以帮助室内资料解释时正确分析和识别磁异常场源性质。

高精度磁测工作的原始记录应包括（林宗元，2005；王传雷，2012）：

（1）调节、校验及标定仪器的观测记录。

（2）选择日变观测站，与确定 T_0 值的观测记录。

（3）野外观测时的生产记录，如测点位置及其附近的地形变化，各种人文干扰（如建筑、通信、电力线的走向及距离等）。

（4）日变观测记录。

（5）GPS 定点记录及其他测地记录。

（6）各种质量检查的观测记录。

（7）说明上述各种观测记录工作情况的野外实时记录本。

（8）磁性参数测定记录与采样记录。

对各种原始记录可参照表 3-4 格式，以便于数据处理。各种原始记录要及时汇编成册并编号，不得随便插页和撕页。按照《地面高精度磁测技术规定》（DZ/T 0071-93）要求：记录内容不得涂改和擦改。当记录错误需要修改时，用横线画去错误记录，在旁边记录正确信息并签名。记录中所引符号和代号要统一、明了，记录的有效数字要与精度要求相适应。记录内容要完整，对记录本和记录的页首、页末及各栏内容要按规定填写齐全。

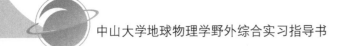

表 3-4　高精度磁测工作的野外记录本

工作地区：　　　　　　测线号码：　　　　　　测点距：

工作日期：　　　　　　观测者：　　　　　　　计算者：

测　点	观　测　时　间		读　数		正常梯度改正	高度改正	ΔT	备　　注
	时	分	原测	日变改正后				

3.4.3　磁测质量检查评价

在进行野外工作时，需要结合工作要求开展质量检查，基本原则为（地质矿产部，1993）：

（1）高精度磁测的质量检查评价应以检查平稳场为主。

（2）检查观测点在全测区应均匀分布。

（3）高精度磁测工作的质量检查率应在3%～5%之间，精测剖面的质量检查率应达到10%，绝对点数不少于30个。

（4）磁性参数测定的质量检查率应达10%。

（5）质量检查观测时，应让不同的测量人员在不同的时间使用不同的仪器对同一点位进行重复观测。

衡量磁测精度一般采用同一测点磁场重复观测的均方误差 ε 来表示，见式（3-4）：

$$\varepsilon = \pm \sqrt{\frac{\sum_{i=1}^{n} \delta_i^2}{2n}} \qquad (3-4)$$

式中，δ_i 为第 i 点经各项改正的观测值与检查观测值之差；n 为检查总数。

平稳场区的质量评价 η 则可用式（3-5）计算：

$$\eta = \frac{1}{n} \sum_{i=1}^{n} \eta_i \qquad (3-5)$$

式中，$\eta_i = \frac{|T_{i2} - T_{i1}|}{|T_{i2} + T_{i1}|} \times 100\%$，$T_{i1}$ 与 T_{i2} 分别为第 i 点经各项改正的观测值与检查观测值。

3.5　资料整理、数据处理与解释

3.5.1　原始数据的预处理

在使用原始磁测资料进行地质解释前，应该进行必要的预处理工作，包括日变校正、正常梯度校正（经度、纬度校正）、高度校正和正常场校正等。

当测区比较大时，测区内部如果存在较大的正常梯度差异，就需要在处理高精度磁测数据前，开展正常梯度校正（经度、纬度校正）工作，相关计算方法可参见教科书和相关工作规范。教学实习工区范围较小，不需要进行正常梯度校正工作。

日变校正是各项校正工作中必须要做的一项。按照需要的精度确定采样间隔，实测出日变曲线进行单独校正。可以利用仪器供应厂商提供的相关软件完成。

在不同精度等级要求下，当地形高程变化小于相应的精度要求时，可以不做高度校正。

3.5.2　磁测数据处理

磁测数据处理包括磁力异常值计算、磁异常化极、目标异常的求取等。

3.5.2.1　磁力异常值计算

磁力异常值计算包括测点绝对磁场值计算、正常场改正及测点异常精度评价等工作。

（1）测点绝对磁场值计算。测点绝对磁场值计算包括日变站绝对磁场值的确定，日变改正值的求取和测点绝对磁场的计算 3 个步骤。日变站绝对磁场值 T_0 的确定可见相关规范。日变改正值可以采用式（3 – 6）求取：

$$T_R = T_0 - T_i \tag{3 – 6}$$

式中，T_R 为日变改正值（nT）；T_0 为日变站的基本磁场值（nT）；T_i 为日变站第 i 时的磁场观测值（nT）。之后，即可根据式（3 – 7）求取测点的绝对磁场值：

$$T_a = T_C + T_R \tag{3 – 7}$$

式中，T_a 为日变改正后测点的绝对磁场值（nT）；T_C 为测点的磁场观测值（nT）。

（2）高度改正值计算。高度改正值可以按式（3 – 8）计算：

$$T_G = \frac{3T_0}{R}\Delta h \tag{3 – 8}$$

式中，T_G 为高度改正值（nT）；T_0 为测点的磁场观测值（nT）；R 为地球平均半径，数值取 6371200（m）；Δh 为测点南北向测量中误差（m）。

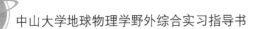

（3）测点异常值计算。根据以上改正值，测点上的异常值则可以由式（3 - 9）计算得到：

$$\Delta T = T_a + T_G - T_0 \qquad (3-9)$$

式中，ΔT 为测点磁力异常值（nT）；T_a 为测点的正常地磁场值（nT）；T_G 为高度改正值（nT）；T_0 为测点的磁场观测值（nT）。

（4）测点磁异常精度评价。假定地磁场按照一级近似来计算，那么正常场改正误差 ε_z 可以按照式（3 - 10）来获取：

$$\varepsilon_z = \frac{\partial T_0}{\partial X} m_D = \frac{3ZH}{2RT_0} m_D = \frac{3T_0 \sin 2\varphi}{2R(1 + 3\sin^2\varphi)} m_D \qquad (3-10)$$

式中，T_0 为测点正常场值（nT）；Z 为垂直分量；H 为水平分量；φ 为磁倾角；R 为地球平均半径，数值取 6371200（m）；m_D 为测点南北向测量中误差（m）。

高度改正误差 ε_G 的计算方法为：

$$\varepsilon_G = \frac{\partial T_0}{\partial R} m_H = \frac{3T_0}{R} m_H \qquad (3-11)$$

式中，T_0 为测点正常场值（nT）；R 为地球平均半径，数值取 6371200（m）；m_H 为测地高程中误差（m）。

3.5.2.2　磁异常化极处理

磁异常化极处理应遵循以下原则：

（1）磁倾角与磁偏角应综合考虑感磁、剩磁及退磁 3 种因素确定，建议采用相应的软件计算出当时当地的地磁参数。

（2）在波数域中实施化极处理时，要求边道趋于零；实际情况不满足时，不宜化极。定量反演资料原则上应采用原始数据。

3.5.2.3　目标异常的求取

当需要分离目标异常时，可采用教科书或相关文献给出的方法如向上延拓、滤波、导数求取等开展异常分离工作。

3.5.3　磁测资料解释

在开展磁测资料解释前，需要做好一些基本的准备工作，包括：收集实习区及邻区有关地质、物化探以及前人的研究成果等资料；收集并整理实习区岩（矿）石磁性参数资料，分析其空间分布特征和变化规律；编绘解释工作中所需的基础图件及辅助图件，并确定解释方案。

磁测资料的解释内容一般包括：数据预处理和分析、磁异常的定性解释和定量解释以及地质结论和成果图示。

定性解释通过查证异常或进行现场踏勘，结合异常的正负、走向、梯度、形态、展布关系等特征，对异常进行分区和分带解释。磁异常的定性解释主要包括以下内容：

（1）结合地面地质资料，分析磁异常与出露地层的关系，推测异常与构造的耦合关系。

（2）依据磁性参数数据，建立地质体与磁性特征之间的关系模型。

（3）分析不同形态特征和强度的异常，综合地质、地球物理和地球化学资料，推断引起异常的磁性界面以及磁异常与断裂的关系。

（4）重点研究有意义的异常，通过定量、半定量计算来验证定性认识。

磁异常的定量解释视工作要求而定。磁异常的综合地质解释依据地质及其他地球物理资料，综合定性、定量解释结果，根据地质体与磁性特征之间的关系模型，确定基岩岩性、基底断裂分布与特征，编制地质结构图。

充分了解实习区的地质条件以及已知的资料，是开展磁测资料解释工作的前提和基础。综合已有地质资料，反复推敲和仔细分析磁异常，才能大致判断磁异常场源的性质，并以此来定量解释有意义的磁异常，以明确场源的具体位置、规模和埋深等参数。

3.6　图件绘制

图件是直接表达磁测工作成果的有效工具。磁测工作主要有下列两类图件：一类是说明工作情况的图件和成果图，主要有：实习区交通位置图、磁测实际材料图、磁异常剖面平面图、磁异常平面等值线图和推断成果图；另一类是原始曲线图及其他辅助图件，主要有：日变曲线及其表示仪器性能的原始曲线图、表示观测质量的图件、岩石磁性参数统计图等。

各类图件的编绘要符合《地球物理勘查图图式图例及用色标准》（DZ/T 0069-93 要求），基本要点如下：

（1）所有图件图外要素要规范、完整、匀称、美观。

（2）注记准确、合理、紧凑、清晰、协调。

（3）图例齐全、简明、实用。

（4）色标简便、醒目、适宜、和谐。

（5）平面图中内容的层次顺序规定为物探、地质、地理等内容，图外要素在标准规格的基础上，允许有一定限度的灵活性。

（6）图例中符号的先后顺序规定为地质、物探、化探、地理等符号，各符号的大小、强弱、等级的配置须按内容的主次有明显差异。

（7）注记与符号的从属关系必须清楚、准确、结构紧凑、明显、易识别，注记的大小、方向、字列及其位置的配置要酌情按内、右、上、左、下各方向规定准确标明。

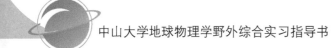

（8）用色原则：主要内容颜色较浓，次要内容较淡，颜色分为面色、线色、点色；同类、同量、同内容的色调、饱和度、光度应相同；不同类、不同量、不同内容的色调应有明显差异；两者之间的情况，可用同一色调不同饱和度加以区别。

对于不同类型图件，需要结合图件内容区别对待，其中（地质矿产部，1993）：

（1）交通位置图。需适当选择比例尺，保证图内至少要有一个县级以上的城镇以及重要水系和交通线，并在图中标示出测区位置及轮廓。

（2）实际材料图用于反映本项目工作的实际材料，主要内容包括：①测区范围及基线、控制线或测线、点线号（适当标注），各种固定标志埋设点等；②地磁场日变观测站位置、编号，磁测质量检查线段；③磁测质量检查线段；④磁性标本采集点位及编号。

（3）磁异常剖面平面图的基本要求为：线距和点距的比例尺应一致；磁场参数比例尺以能反映有意义的弱异常和低缓异常为基准。当图幅内局部地段的磁场曲线因参数比例尺较大而重叠过多，异常又有特殊意义时，可以将此局部地段缩小参数比例尺绘成角图，但其范围需加框说明。

（4）异常平面等值线图绘制的基本要求：应选择恰当的等值线数值与等值线间隔，其最小差值必须大于或等于总均方差的 2.5 倍并适当凑整。当数据有正值、负值时，必须绘出零值线。

第 4 章　地质雷达勘探

4.1　地质雷达勘探教学实习大纲

4.1.1　教学目的

地质雷达勘探实习的教学目的：

（1）巩固地质雷达勘探的理论学习成果，与操作实践相结合，深化对电磁场理论和地质雷达勘探理论的认知和理解。

（2）开展地质雷达野外工作方法和技术的训练，熟练掌握地质雷达野外勘探的工作方法、仪器操作使用、采集参数设置及数据采集全过程。

（3）熟练掌握地质雷达野外采集数据后续处理、分析和解释的基本技术、方法。与地质情况相结合，给出对雷达处理数据的地质意义解析。

4.1.2　教学实习的要求和内容

实习期间，要求每位学生熟练掌握地质雷达工作的全部过程，包括工作设计、野外观测、室内资料整理、资料处理与解释、成果图示和实习报告编写等。要求学生：

（1）熟练掌握地质雷达仪器设备的使用方法，以团队合作的形式完成工区的地质雷达测量工作。

（2）与工区的地质资料相结合，掌握地质雷达勘探工作设计的基本原则和方法。

（3）熟练掌握地质雷达野外数据采集的工作方法和技术，对野外操作时出现的故障问题进行独立分析并找到解决方案。

（4）学习并掌握地质雷达数据的一般处理和解释方法，结合工区的地质与地球物理情况编写实习报告。

本实习的主要教学内容：

（1）地质雷达勘探的干扰因素分析，测线布设位置及方位的设计。

（2）雷达天线频率的选择，屏蔽天线和非屏蔽天线地质雷达的仪器组装

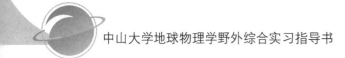

过程。

（3）测距轮测量、手工打点测量、时间测量 3 种测量模式的设置方法及选择依据。

（4）时域地质雷达剖面法测量和宽角法测量两种野外工作方法及适用范围。

（5）地质雷达勘探野外工作参数设置及数据采集过程。

（6）地质雷达采集数据的现场分析及质量评价。

（7）采集数据的室内处理及处理结果的图示显示。

（8）结合工区地质、地球物理资料对雷达处理结果的地质解释。

4.2 地质任务和工作设计原则

4.2.1 地质任务

地质雷达勘探方法是利用频率介于 $10^6 \sim 10^9$ Hz 的无线电波探测目标的空间位置、结构、形态和埋藏深度的一种地球物理勘探方法，可用于地层划分、岩溶和不均匀体的探测以及工程质量检测等。

地质雷达勘探教学实习的基本地质任务如下：

（1）收集实习区内现有的地质资料、地球物理资料、物性参数资料（包括不同岩性的相对介电常数、电阻率、电磁波传播速度等）及人文干扰资料，以辅助对地质雷达勘探的测线设计及结果解释。

（2）采集实习区内各种岩石标本，测定标本的电性参数，以便后续与地质雷达测量结果进行对照分析和解释。

（3）根据野外实际情况，合理设计地质雷达勘探的测线和测网。

（4）按照工作设计，利用地质雷达对实习区开展地下地层和异常体的调查工作。

（5）处理所采集的地质雷达数据，并结合实习区的电性参数资料，解释雷达数据处理结果的地质意义。

4.2.2 地质雷达勘探工作设计要点

4.2.2.1 工区资料收集与分析

在进行地质雷达勘探工作之前，应广泛收集工区的地质、水文、交通、物探、化探、钻井及测绘等方面的文字和图件资料。对收集的资料进行深入分析，确定实习的地质目标及初步的测区位置。

4.2.2.2 测区位置实地踏勘

在确定初步的测区位置后需进行实地踏勘，了解测区的地形、地貌和交通位

置是否便于野外勘探工作的开展，了解测区的人文情况是否干扰地质雷达勘探工作的实施。在实地踏勘的基础上，确定测区范围，布设测线、测网。

4.2.2.3 测区范围的确定与测线、测网的布设

在开展野外测量工作前，应先建立测区坐标，以确定测线位置。测区范围应涵盖整个被探测目标地质体可能赋存地段，并向外延展一定范围，保证探测的电性异常两侧有充分的背景场。测网密度应保证异常的连续、完整和便于追踪。测线方向应垂直于或大角度相交于目标体或已知异常的走向。探测范围内有已知点时，测线应尽量通过或靠近该已知点布设。

4.2.2.4 地质雷达方法对测线及测区的要求

野外工作前，应初步判定测区及测线是否适合开展地质雷达勘探工作。地质雷达方法工作的基础为：待探测目标体与围岩介质之间存在明显的介电常数差异，且围岩电性应相对稳定。目标体应在地质雷达的探测深度或距离范围内，其尺寸应满足地质雷达探测分辨率的要求。布设的测线地理位置应易于雷达天线的移动，雷达设备经过的测线表面应相对平缓，无障碍物。测区范围内不应存在较强的电磁波干扰或通过处理无法消除的干扰，如大范围金属构件、无线电发射频源等。由于电磁波存在趋肤效应，待探查目标体上方最好不要存在极低阻屏蔽层。

4.2.2.5 测区岩石样品电性参数测定

研究区地质体电性参数的调查、收集、采集、测量和统计工作是地质雷达勘探工作中重要的一环，是确认地质雷达勘探工作可行性的前提和基础。岩石样品电性参数的测量主要针对电阻率进行，每个样品应至少测量 3 次。测量岩芯样品两端的电位差 ΔU 以及回路中的电流强度 I，由样品已知的横截面积 S 和长度 L，根据欧姆定律计算得出。测量后填写表 4 - 1（张莹、张文波，2019）。

表 4 - 1 岩石样品电阻率测量实验记录

日期：　　　　　　　　　　　　地点：

标本编号	截面积 S /m^2	长度 L /m	ΔU /mV	I /mA	ρ /$\Omega \cdot$ m	备 注

班组：　　　　　　记录员：　　　　　　组长：

4.3　地质雷达勘探数据采集和质量保证

地质雷达勘探数据的采集及其质量保证是后续数据处理和解释的基础。在野外地质雷达勘探数据采集时建议填写如表 4 - 2 所示表格。其中，在"测线位置"一栏应注明测线的起始坐标和方向，在"备注"一栏应填写该测线包含的地表障碍物、干扰源、数据异常位置的标注等重要信息。

表 4 - 2　地质雷达勘探数据采集记录

测量地点：　　　　测量小组成员：　　　　测量日期：

测序号	雷达文件编号	测线位置	测线长度	备　　注

记录人：　　　　　　　　审核：

4.3.1　地质雷达勘探数据的采集

4.3.1.1　地质雷达勘探数据采集的操作步骤

（1）根据检测任务及实际情况，选取天线型号并安装。

（2）安装电池，接通数据线和电源线。

（3）开机，使仪器处于正常工作状态。

（4）标记检测起始位置及桩号，必要时每 10 m 做一标记，直至所要检测的终点。

（5）设置检测的各种参数，包括起始点桩号、时窗、采样点数等。

（6）开始检测，若使用测距轮模式，应在检测前先进行标定。

（7）检测时，应根据移动速度及测段上的标记、主机显示的桩号或距离，随时进行标记或对照，以消除检测距离上的误差。

（8）记录测线号、方向、标记间隔以及天线类型等内容。

4.3.1.2　地质雷达数据采集时仪器操作的注意事项

（1）不得对设备系统进行打开和拆装一类的操作。

（2）所有电缆的连接必须在关机状态下进行。任何情况下如需做任何连接改动，必须事先确认数据采集主机和计算机是否处于关机状态。

（3）当系统处于开机状态时，在数据采集、后处理或待机的任何状态下，天线只允许与被测表面相接触。切勿将天线直接对着人体。

（4）仪器信号不好或仪器工作不正常时，应先关闭主机电源，再检查电缆与主机的接头、电缆与天线的接头是否连接正确，确认连接无误后再接通电源开机。

（5）注意雷达电源电池的连接状态及电池的电量。

（6）避免雨天操作。在工区有水的情况下，天线、电缆接头要做防水处理，利用防水布保护天线。

（7）在工地现场注意保护仪器，避免人为损坏。电缆线应避免长期在地面磨损，电缆切忌受到重物压损。

（8）仪器使用、搬运转移过程中，整套雷达仪器系统应注意防水、防尘和防震，使用完毕后清除仪器表面附着的灰尘、泥土。

4.3.1.3　地质雷达数据采集的测量方式

地质雷达的数据采集主要有剖面法、多次覆盖法和宽角法等测量方式。

（1）剖面法。其测量结果通常采用时间剖面图像来表示。时间剖面图的横坐标为天线在地表的位置或扫描数，纵坐标为反射波双程走时。纵坐标时间的物理含义为电磁波脉冲从发射天线出发，经地下界面反射后，回到接收天线的走时。纵坐标也用深度值来表示，此时的值可以通过电磁波传播速度或介电常数换算得到。时间剖面图可以定性反映测线下方地质界面和地质体的形态和位置。

（2）多次覆盖法。由于大地对电磁波的吸收作用，来自深部界面的反射波由于信噪比过小而不易识别。此时，可以用不同天线距的天线对同一侧线进行重复测量，然后，把相同位置的不同测量记录进行叠加，就可以达到增强对深部地下介质的分辨能力的目的。

（3）宽角法。一条天线固定在地面某一点，另一条天线沿测线移动，并记录反射波的双程走时，这种方法就是宽角法测量。当保持发射、接收两条天线中心点位置不变，改变两条天线之间的距离，记录反射波双程走时，这种测量方法为共中心点法。这种记录形式可用于求取电磁波在地下介质中的传播速度。

4.3.1.4　地质雷达数据采集的技术参数和测量参数

（1）技术参数。包括垂向分辨率和横向分辨率。

垂向分辨率：地质雷达剖面中能够区分地层顶、底界面的最小厚度。一般地，地质雷达的垂向分辨率为：

$$h = \lambda/4 \qquad\qquad (4-1)$$

其中，λ 为地质雷达子波的波长。

横向分辨率：指地质雷达在水平方向上所能分辨的最小异常体的尺寸。通常用菲涅尔带来计算横向分辨率。通常，地下介质种的两异常体最小横向距离要大于第一菲涅尔带的宽度 r，r 可由式（4-2）计算得出：

$$r = \sqrt{\frac{\lambda h}{2}} \qquad (4-2)$$

式中，λ 为雷达子波的波长；h 为异常体的埋藏深度。

（2）测量参数。天线中心频率选择：天线中心频率决定了地质雷达信号穿透介质的深度。因此，天线中心频率的选择需兼顾目标体深度与目标体尺寸。一般而言，在满足分辨率且场地情况允许时，应使用中心频率较低的天线。其中，天线中心频率 $\{f\}_{MHz}$、空间分辨率 $\{x\}_m$ 与围岩相对介电常数 ε_r 的关系为：

$$\{f\}_{MHz} = \frac{150}{\{x\}_m \sqrt{\varepsilon_r}} \qquad (4-3)$$

时窗选择：时窗大小 $\{W\}_{ns}$ 可由最大探测深度 $\{h_{max}\}_m$ 与地层电磁波速度 $\{V\}_{m/ns}$ 以下式估计：

$$\{W\}_{ns} = 1.3 \frac{2\{h_{max}\}_m}{\{V\}_{m/ns}} \qquad (4-4)$$

在实际的时窗长度选择中，在上式计算结果的基础上增加30%的余量。

采样率：指记录中采样点之间的时间间隔。采样率的取值需满足 Nyquist 采样定，即采样率至少应为记录反射波中最高频率的 2 倍。大多数地质雷达系统采用的频带与中心频率的比值约为 1:1，即发射脉冲能量覆盖的频率范围为中心频率的 0.5～1.5 倍。因而，在野外观测中，通常采样率值大约为天线中心频率的 3 倍。为保证记录波形更完整，建议采样率为天线中心频率的 6 倍。实习中所采用的 SIR 雷达系统建议采样率为中心频率的 10 倍。根据 SIR 雷达系统的标准，采样率 $\{\Delta t\}_{ns}$ 和中心频率 $\{f\}_{MHz}$ 的关系为：

$$\{\Delta t\}_{ns} = \frac{1000}{10\{f\}_{MHz}} \qquad (4-5)$$

测点点距或天线最大移动速度：以离散测量方式进行观测时，测点点距取决于天线中心频率与地下介质的介电特性。即测点点距 $\{n_x\}_m$ 应为围岩中子波波长的 1/4，公式表述为：

$$\{n_x\}_m = \frac{75}{\{f\}_{MHz} \sqrt{\varepsilon_r}} \qquad (4-6)$$

当介质横向变化不大时，测点点距可适当放宽，从而提高工作效率。

以连续测量方式进行观测时，天线最大移动速度取决于扫描速率、天线宽度及目标体尺寸。为查清目标体，建议应至少保证有 20 次扫描通过目标体。

天线最大移动速度 $= V_{max}$（扫描速率 /20）$\times$（天线宽度 + 目标体尺寸）

$$(4-7)$$

天线间距：当使用分离式天线时，适当的发射与接收天线距离可增强来自目标体的回波信号。偶极天线在临界角方向的增益最强，因此，天线间距 S 应使目标体相对接收与发射天线张角为临界角的 2 倍，即

$$S = \frac{2h_{max}}{\sqrt{\varepsilon_r}} \qquad\qquad (4-8)$$

式中，h_{max} 为目标体最大深度；ε_r 为围岩的相对介电常数。实际测量中，天线间距的选择常小于该数值。

4.3.2　地质雷达勘探数据采集质量保证

为保证雷达数据的采集质量，应注意如下事项。

4.3.2.1　采集现场的参数调试

（1）增益的现场调试。地质雷达发射的电磁波在介质中传播时会发生吸收衰减。随深度增加，电磁波能量减弱，信号幅度减小，不利于信号的识别与辨认。因此，通常采用增益函数提高信号的幅度，使信号的细微变化更易于识别和显示。一般采集主机的屏幕上有一个示波器窗口，除显示波形之外，还有一条红色的曲线，该曲线即为增益曲线，曲线上的转折点即为增益控制点。如果雷达剖面上出现削波（振幅过大）或振幅过小的现象，需要调节增益设置。有自动增益和手动增益两种增益设置方式。一般先进行自动增益调整，调整完毕后可采用手动模式进行微调。增益设置的基本原则是：增益后波形振幅大小占整个窗口的3/4；增益后不应再出现削波和振幅过小现象；增益函数本身是光滑的，不应有突变。

（2）零线位置确定。在地面观测时，雷达剖面的最顶端同相轴并不对应地面反射波信号。一是因为主机发出发射指令到天线开始发射存在延迟时间；二是因为存在由发射天线直接传播到接收天线的直达波。去除这两方面的干扰才能对雷达剖面真正的零线位置进行精确定位。通过观察雷达剖面最顶端同相轴的到时位置，可确定延时时间。通过调整延时时间可确定雷达剖面的真正时间零线位置。也可在探测时与测线正交方向的地面处放置一根电缆，雷达天线经过电缆时会在雷达剖面上记录下该电缆的位置，由此可精确确定雷达剖面的延时时间。

（3）叠加次数的现场调试。电磁波在地下介质中传播时发生吸收衰减，导致能量减弱。如果雷达剖面上出现雪花现象（特别是深部），表明信号相对于噪声的能量比值（信噪比）已经很小，此时需要增加叠加次数，提高雷达剖面的信噪比。

（4）介电常数的数值调试。地下介质的介电常数数值决定了电磁波在该介质中的传播速度，而传播速度对雷达剖面的时间域到深度域变换具有重要意义。因此，介电常数的数值准确性至关重要。介电常数的数值可通过经验值给定。但如果存在已知深度的目标体且在雷达剖面上可识别该目标体，则可通过该目标体的深度反算波速，进而求出比较接近真实值的介电常数。如没有已知深度的目标体存在，可通过钻孔来确定一个目标体，测量其深度，用同样的方法来反求介电常数。另外，采用宽角法观测也可用来确定电磁波的传播速度，进而确定介电常数。

4.3.2.2 数据采集时的注意事项

（1）天线拖动。检测天线拖动过程中应移动平稳、速度均匀，移动速度宜为 3～5 km/h，注意不要出现跳动现象，跳动现象会对雷达数据的采集造成非常大的干扰。

（2）标记。为提高后续资料处理和解释的可靠性，雷达数据采集时要准确标记里程信息。在测量时如发现会对测量产生电磁影响的地表钢筋、管道、水坑、电线等干扰物时，应对其位置进行准确标记，以便后续室内资料解释时对地质雷达采集剖面上的异常特征进行正确分析和识别。打标记要及时，尽量不要重复。

（3）重复长度。当需要分段测量时，相邻测量段落接头重复长度不应小于1 m。

4.4 地质雷达数据处理、分析和解释

4.4.1 地质雷达数据的处理方法

原始数据处理前应回放检验，需确定数据记录完整、信号清晰、里程标记准确。不合格的原始记录不得进行处理和解释。地质雷达数据类似于反射地震数据，其数据处理方法也类似。雷达数据主要的处理步骤如下。

4.4.1.1 滤波处理

地质雷达图像上通常存在着各种随机和规则干扰。滤波处理是利用有效波和干扰波在频谱特征上的差异来压制干扰波，从而实现提高信噪比的目的（雷宛，2006），具体可分为低通滤波、高通滤波和带通滤波。其中，水平低通滤波主要目的是消除局部特征，压制雪花噪音干扰，易于追踪同相轴，使地层分界面更加连续清楚。一般当信号不好或剖面上有很多小毛刺特征时，需进行水平低通滤波。如雷达剖面上信号能量强，同相轴均较光滑时不需做此处理。水平高通滤波相当于去除背景，主要目的是去除水平信息、突出局部信号，使内部缺陷或构造更清晰。如雷达剖面上局部信号清晰，不需进行水平高通滤波；相反，当主要目的是局部信号，而局部信号又不清晰时，则需要进行水平高通滤波。若操作时天线未紧贴地面，电磁波在天线和地面之间多次传播（相当于回音、多次波），则雷达剖面上会出现很多水平信号，也需要进行水平高通滤波。

4.4.1.2　反褶积处理

如果雷达剖面上显示的波形粗大，垂直分辨率较低，则可选择进行反褶积处理，其目的是拓宽通频带，使信号变尖锐，从而提高雷达剖面的垂向分辨率。

4.4.1.3　雷达图像的偏移处理

如果地下介质为非水平界面的复杂地质构造，则地质雷达勘探得到的时间剖面并不能直观地反映地下介质的真实形态，背斜、向斜、倾斜界面等地质构造的位置与其真实位置均存在偏差。此时，需进行偏移归位处理。偏移归位处理就是把雷达记录中的每个反射点移回到其原来的位置，经过偏移归位处理的雷达剖面可反映地下介质的真实情况。偏移归位处理的主要目的是提高横向分辨率。

4.4.2　地质雷达数据的解释方法

地质雷达数据反映的是地下介质的电性分布。雷达数据的地质解释是要把地下介质的电性分布转化为深度域地质体的分布。因此，地质雷达数据需要和地质、钻探和其他相关资料结合，建立实习区的地质－地球物理模型，解释出地下介质信息。雷达数据的解释过程主要包括：

4.4.2.1　地质雷达记录的判读

雷达记录的判读是资料解释的基础，也称雷达记录的波相识别或波相分析。雷达记录判读的主要依据包括：

（1）雷达剖面上反射波的振幅。雷达剖面上反射波振幅越强，表明界面两侧介质的电磁学性质（主要是介电常数）差异越大。一般来说，因为水和良导金属的介电常数均较大，故当电磁波进入水层或钢筋等良导层时，雷达反射波的振幅也较大。

（2）雷达剖面上反射波的极性方向。电磁波从小介电常数介质进入大介电常数介质（即从高速介质进入低速介质）时，反射系数为负，即反射波振幅与入射波振幅反向；反之，从低速进入高速介质，反射波振幅与入射波振幅同向。例如，电磁波从空气中进入土层、混凝土时，反射振幅反向，而从混凝土转播到其下的脱空区再反射回来的反射波不反向，结果脱空区的反射与混凝土表面的反射方向正好相反。如果混凝土下面充满水，电磁波从该界面反射也会发生反向。因为电磁波在钢筋中的波速很小，钢筋的反射振幅也与入射波反向。

（3）反射波的频谱特性。不同介质有不同的结构特征，反射波的频谱特征亦明显不同，可以作为区分不同物质界面的依据。因而，反射波谱特征差异可以作为区分不同物质界面的依据。例如，混凝土因相对均质而内部反射波较少；而岩石内部结构复杂，围岩产生的反射波特征相对明显。表层松散沉积物的电磁性

质相对均匀，其反射波特征较弱；而强风化基岩中的矿物按深度分布时，其电磁参数垂向差异较大而呈现出低频大振幅连续反射；其下的新鲜基岩中具有高频弱振幅反射特性。围岩中的含水带也表现出低频高振幅的反射特征，易于识别。节理带、断裂带等结构破碎，内部反射和散射多，可表现为高频密纹反射。但是，破碎带对电磁波的散射和吸收作用使从更远部位反射回来的后续波能量变弱，因此，破碎带对下伏岩层有一定的屏蔽作用。

4.4.2.2　地质雷达剖面上反射层的拾取

在地质雷达记录资料中，同一连续界面的反射信号形成同相轴。依据同相轴的到达时间、形态、强弱、极性方向等可进行反射层的拾取。同一地层的电性特征接近，其对应的地质雷达反射波组在波形、振幅、周期及其包络线形态等方面也具有相似特征。不同的电性层，在振幅能量的强弱、同相轴横向的断续性以及周期数、频率变化、包络线形态等方面均应有所区别。确定具有相同特征的反射波组是反射层识别的基础。一般情况下，在无构造影响下，同一地层的反射波组往往有一组光滑平行的同相轴与其对应。地质雷达测量使用的点距很小，相邻测点地下介质的横向变化一般比较缓慢。因此，相邻道上同一反射波组的特征基本不变。利用反射波组的同相性和波形的相似性即可识别反射波组。对于地下存在的孤立对象，雷达剖面上会存在向下开口的抛物线特征的绕射波，而有限平板界面反射的同相轴中部为平板，两端为半支向下开口的抛物线。

4.4.2.3　雷达剖面上反射层的解释

地质雷达数据直观得到的是时间剖面，利用电磁波传播速度可将其转换为深度剖面。应结合区域地质背景和相关地质资料，分析波组的特征及其相互关系。注意寻找时间剖面中的具有强振幅、可长距离连续追踪、波形稳定特征的反射波，这类波一般对应了主要的岩性分界面，易于识别。如雷达测线经过钻孔，则可利用钻孔数据进行更精确的解释。在地质雷达时间剖面拾取出反射层之后，对比钻孔数据与雷达图像，确定钻孔位置处地质雷达时间剖面上的反射波组对应的真实地质层位，之后利用地质雷达时间剖面上反射波组在横向上的延展进行地层的追索与对比。

对雷达剖面进行解释时，应关注反射波同相轴明显错动、局部缺失、波形畸变和频率变化等特征。反射波同相轴的明显错动通常表明两侧的地层或土层性质发生了改变；而地下裂缝、介质性质突变等能强烈吸收和衰减雷达反射波，从而导致反射波同相轴发生局部缺失或波形畸变现象；不同的土壤成分和盐碱性质对电磁波的电磁弛豫效应和吸收衰减不同，也常会造成电磁波频率的变化。

在雷达数据解释时，要注意地层分界面和电性分界面不一定对应。地质雷达时间剖面反映的是电性分界面，不同的地层可能具有相同或相近的电性参数，而同一地层由于部分风化破碎、孔隙充水或气，也可具有不同的电性参数。此外，不同的测量目的对地层的划分依据是不同的。如地质雷达勘探是以岩土工程勘察为目的时，可选用地层的承载力作为地层的划分依据。此时，不仅要注意识别基岩，还需要仔细区分基岩的风化程度（雷宛，2006）。

第5章　高密度电法勘探

高密度电阻率法（high density resistivity method）是一种集电测深和电剖面法于一体的多装置、多极距组合的直流电观测方法。它是一种阵列式电法勘探方法，野外测量时只需将全部电极（几十至上百根）置于测点上，然后利用程控电极转换开关和微机工程电测仪便可实现对数据的快速和自动采集，其测量系统如图5-1所示。高密度电阻率法具有一次布极即可进行多种装置数据采集、信息量大、观测精度高、速度快以及探测深度灵活等特点。

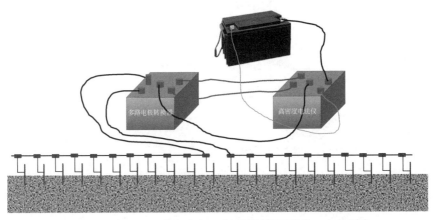

图5-1　WDA-1高密度电阻率测量系统野外施工布线示意

5.1　高密度电法勘探教学实习大纲

5.1.1　实习目的与要求

5.1.1.1　实习目的

通过本次实习，将所学的地球物理电法勘探理论与实际工作相结合，巩固和加深对课堂理论知识的理解：

（1）掌握高密度电法勘探野外工作的各个环节，其中，包括工作设计、电法勘探仪器操作、数据采集、资料整理、资料处理和反演、地质解释及报告编写等。

（2）进行野外工作的基本训练，重点培养学生吃苦耐劳、求真务实、团结协作的优良工作作风，全面提升学生野外地球物理勘探工作的实际动手能力，增强学生综合分析问题与解决问题的思维能力。

5.1.1.2 基本要求

（1）学会熟练使用高密度电法勘探仪器。以实习小组为基本单位，完成实习区 1～2 条剖面测量工作，培养学生实际操作技能。

（2）理解高密度电法仪器的工作原理、性能，学习和掌握高密度电法勘探仪器维护方法，并能处理野外出现的一般故障问题。

（3）结合实际工区的资料，熟悉高密度电法勘探的野外基本工作方法，学习并掌握高密度电法勘探工作设计的基本原则和方法。

（4）学习并掌握高密度电法勘探工作野外资料的一般整理、处理和反演、图示方法。

5.1.2 实习内容

（1）了解工区地质、岩石的电性特征及地球物理条件。

（2）掌握高密度电法工作设计书的编写原则和实习工区设计书，编制实习工区高密度电法工作设计书。

（3）熟悉高密度电法仪器的工作原理、性能、仪器操作及测量技术。

（4）掌握高密度电法勘探野外施工的工作方法和技术要求，主要涉及测站的布置、装置连接与检查、导线的敷设、电极的埋置以及导线与电极的回收等。

（5）保障高密度电法勘探工作精度的具体措施和测量数据质量评价的基本方法。

（6）高密度电法资料的整理、数据处理及图示方法。

（7）编写高密度电法勘探成果报告的原则和方法。

5.2 高密度电法勘探的地质任务和工作设计原则

5.2.1 地质任务

本次实习进行高密度电法勘探的主要地质任务为：设计合适的电法勘探剖面，对比选择恰当的电法勘探方法，即不同的装置（如中间梯度法、联合剖面法、偶极－偶极装置等）对实习区内隐伏断裂构造的产状（走向、倾向、倾角等）及岩浆岩的分布（与围岩的界线、顶底埋深等）进行探测。

5.2.2 工作设计原则

高密度电法勘探工作设计一般遵循以下原则：

（1）设计书要简明扼要、结构严谨。

（2）与其他物体方法（如重力、磁法等）测线的布置尽可能地互相重合，以便后续成果资料的互相对比、验证、解释以及综合分析。

（3）电法装置的选用应综合考虑地质效果和实际经济效益（即效率）。

（4）合理分工，即主机操作、电极布置、电缆敷设等工作有序进行，保证施工效率。

（5）进行设计书的修改与补充。

5.3 高密度电法野外数据采集

5.3.1 测线/测网布置

5.3.1.1 测区范围的确定原则

（1）进行面积性勘探测量工作时，测区范围应至少涵盖整个拟探测目标（地质体或地质要素）可能赋存的区域（图5－2）。并且，在条件允许的情况下，尽可能地向外扩延至背景场并确保探查目标异常有足够的背景以供参考。

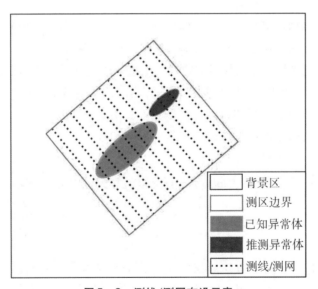

图5－2　测线/测网布设示意

（2）进行追索性勘探测量工作时，测区范围应包括全部或部分已知的地质体或地质要素（图5－3），以便能够充分运用已知地段的地质资料（如地质体类型、产状、规模等）来类比、推断解释未知区的地质情况。

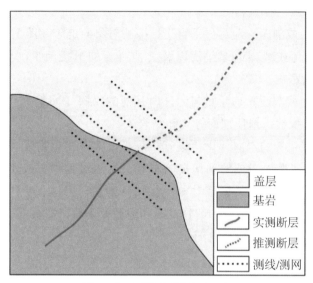

图 5 - 3　测线/测网布设示意

（3）若在前人（如其他实习小组）工作的基础上进行扩大范围的补充性测量，应在测区边缘布设与已知工作部分或完全交叉、重合的测点、测线或测区（图 5 - 4），以便于测量成果的关联、解释与综合利用。

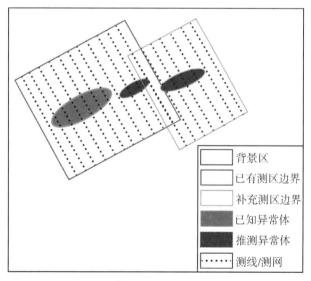

图 5 - 4　补充性测量时的高密度电法测线/测网布设示意

（4）此外，还须考虑实习区的地形与地貌特征，并兼顾施工（如测站点移动、导线的搬移和敷设等）的便利，既要做到数据测量的完整性，又要保证测区边界大体是规则的。

5.3.1.2　测线方向的确定原则

（1）测线（或剖面）应尽量垂直于被探测对象的走向（图5-2、图5-3），并应尽可能地避免或减小地形起伏以及其他可能的干扰因素（如沼泽、水坑、沟渠等）带来的影响。

（2）测线（或剖面）应尽量与测区内其他的物探（如重力、磁法等）以及地质断面（如勘探线、地质剖面等）相结合。

（3）当勘探目标的走向变化比较复杂，难以随之变化测线（或剖面）方向时，测线可垂直于勘探对象的平均走向布置，实测过程中再按实际需要进行加密。注意：当发现有意义的勘探对象（如特殊地层、岩体、矿体、构造等）的走向与测线交角过小、可能影响解释推断和地质效果时，需垂直于有意义勘探对象走向适当增加布置测线以补充剖面。

5.3.1.3　电剖面法工作的测网形式

测网形式主要取决于勘探对象的分布范围与空间分布形态（产状、埋深等）。测网密度则综合取决于地质任务（目的）、工作阶段（性质）、拟勘探对象的规模与空间位置以及所使用的装置形式等因素。总的设计原则是应达到地质效果与经济效益的统一，也即既要圆满达到预期的地质目标，也要兼顾测量的效率、成本等因素。

5.3.2　测站布置

高密度电法测站（即主机）一般布置于测线的一端（通常选为测线的起始位置）。为了避免电磁感应、漏电等的影响，测站应避开高压输电线、变压器等设施。开机测量前，应做好以下工作：

（1）按规定方式接好电池箱与主机。

（2）检查主机与电缆的连接情况。

（3）检查电脑与主机的通信情况（网线或蓝牙连接是否正常）。

（4）核对各电极点、线号。

5.3.3　电极布置与接地

高密度电法勘探，建议电极的布置与接地遵循以下原则：

（1）在预定的测线上，确定好电极距（也即相邻电极之间的距离），并拉好皮尺或测绳后，在预定的测点逐一布设电极。务必注意！为了尽可能地减小接地电阻，插入电极后要即时检查并确保电极与土层是紧密接触的，否则很有可能因为某些电极接地电阻过大而导致测量无法正常进行。

（2）电极入土深度一般应不小于电极长度的 1/3，遇到接地电阻过大的情况，要适当地加大入土深度，插入到电极长度的 1/2～2/3。

（3）如果受到客观条件的限制，如障碍物、地面过硬、沼泽、水坑等，单根电极不可避免地要偏离预定测点位置的某一侧布设时，一般要求偏离测线方向的垂直距离尽可能地小于电极距的 1/10。

（4）最小的电极距也应大于 2 倍的电极入土深度。

（5）特殊情况下，譬如，入土很深的单根电极接地仍然不能满足测量要求的最低接地电阻条件时，建议尝试采用多根电极的并联方式（也即将多个电极捆绑在一起作为一个电极处理）来减小接地电阻直至能够达到测量要求。

5.3.4　导线敷设与电极转换开关捆绑

自测线头（主机和供电电源处）至测线尾逐条导线开始敷设，遵循以下原则：

（1）建议两人协同配合收放测量导线，沿着测线边走边收放，要求轻拿轻放，绝不允许拖拽导线，特别是电极转换开关，很容易损坏，绝不允许磕碰。

（2）放线时，每两个电极之间的导线不能交错、绕圈、打结，以避免电磁耦合的影响。

（3）即时检查并确保相邻导线的接头已对准、拧紧。

（4）应将测量导线拉开、偏离测量电极 2 m 以上。

（5）尽量避免测量导线悬空架设。但是，要穿过河道、池塘等障碍物，必须架空敷设时，注意尽量将导线拉直、拉紧。遇水实在无法架空敷设的，允许导线漫水通过，但应做好漏电检查，并注明测点情况。

（6）尽量使测量导线避开高压线。不可避免地需要通过时，要应尽可能地使那段测量导线垂直于高压线方向敷设。

（7）当要穿越铁路、公路、桥梁、水渠、河流、沼泽或村庄等敷设导线时，必须采取支撑架空、埋土掩埋、从底下穿过或者专人值守等辅助措施，既不碍车、船、人畜等正常通行，又要避免导线被损坏。

（8）捆绑电极转换开关与电极时，注意轻拿轻放开关，将开关金属部分紧扣在电极上面然后通过捆绑弹簧固定，千万要注意绑定后即时检查是否松动（不牢固），并避免开关与其他杂物触碰，以防漏电。

（9）收线时，先解开导线间的接头，松开电极转换开关与电极之间的捆绑弹簧，尽量不使导线承受过大拉力，当手感力量忽然增大时，切勿硬拉，应及时查明原因，方可继续收线。

5.3.5 技术参数的选择

5.3.5.1 观测有关的技术要求

（1）电池供电电压。一般要求在 90～400 V，但测线不长时可以适当降低供电电压。

（2）供电电流。要求 I_p 大于 10 mA（AB 间供电），测量电位差 V_p 大于 10 μV（MN 间测量）。

（3）测线选择。记录起始位置点，确定电极距，并记录各异常点相对于测线端点的位置与各个电极点的标高，建议用素描图形式表达。

（4）测线处地质概况。包括区域内地层、构造等基本概况，适当时利用钻探资料进行辅助验证或判断解释，建议用剖面图形式表达地层情况。

5.3.5.2 测量装置的技术要求

电法勘探的一大特点就是装置类型众多，如电阻率法、激发极化法、充电法等，针对不同的地质问题或任务，往往需要采用与之相适应的装置。常用的电阻率装置类型有 3 种：电阻率剖面法（简称"电剖面法"）、中间梯度法和电测深法。其中，电剖面法又包括多种不同的连接装置，具体有：二极装置、三极装置、联合剖面装置、对称四极装置和偶极装置等。高密度电法测量系统具有一次布极，可选多种电极排列方式（即装置类型）进行测量的独特优势。以下就高密度电法测量装置的技术要求相关内容做详细介绍：

1）常用装置的技术特征。

（1）α 排列（温纳装置 AMNB）。该装置的电极排列如图 5－5 所示，测量时，$AM = MN = NB$ 为一个电极距，首先，A、M、N、B 逐点同时向右移动，得到第一条测量的剖面线（即第一层）。紧接着，AM、MN、NB 增大一个电极距，A、M、N、B 逐点同时向右移动，得到下一条测量的剖面线（即第二层）。以此

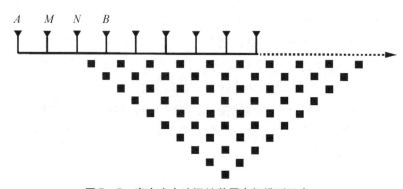

图 5－5　高密度电法温纳装置电极排列示意

类推，如上所述不断地扫描测量下去，最终得到一个倒梯形的测量断面。一般这种装置较适用于固定断面扫描测量。

（2）β 排列（偶极装置 ABMN）。该装置的电极排列如图 5−6 所示。测量时，$AB = BM = MN$ 为一个电极距，首先，A、B、M、N 逐点同时向右移动，得到第一条测量的剖面线。紧接着，AB、BM、MN 增大一个电极距，A、B、M、N 逐点同时向右移动，得到下一条测量的剖面线。类似地，不断扫描测量下去，最终得到一个倒梯形的测量断面。这种装置也常被用于固定断面扫描测量。

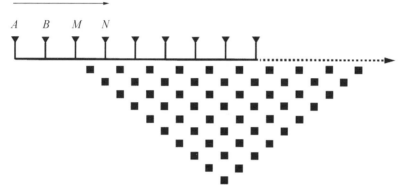

图 5−6　高密度电法偶极装置电极排列示意

（3）γ 排列（微分装置 AMBN）。该装置的电极排列如图 5−7 所示。测量时，$AM = MB = BN$ 为一个电极距，首先，A、M、B、N 逐点同时向右移动，得到第一条测量的剖面线。紧接着，AM、MB、BN 都增大一个电极距，A、M、B、N 逐点同时向右移动，得到第二条测量的剖面线。如此类推，这样不断扫描测量下去，最终得到一个倒梯形的测量断面。这种装置比较适用于固定断面扫描测量。

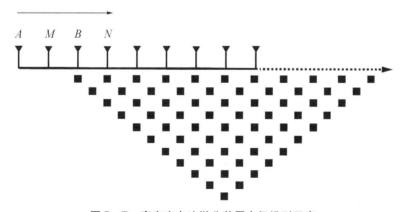

图 5−7　高密度电法微分装置电极排列示意

（4）δA 排列（联剖正装置 AMNI）。该装置的电极排列如图 5−8 所示。测量时，$AM = MN$ 为一个电极距，B 置于无穷远（或很远）处，首先，A、M、N

逐点同时向右移动，得到第一条测量的剖面线。紧接着，AM、MN 增大一个电极距，A、M、N 逐点同时向右移动，得到下一条测量的剖面线。以此类推，不断扫描测量下去，就得到一个倒梯形的测量断面。这种装置一般较适合用于固定断面扫描测量。

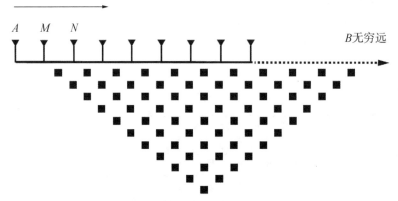

图 5 – 8　高密度电法联剖正装置电极排列示意

2）装置电极距的选取原则。选用合适的测量装置后，就要进一步确定电极距大小。电极距选取的基本原则是既要保证地质效果，又考虑经济效益（测量的效率、成本）。如果条件允许，最好利用已知地质剖面进行试验来确定电极距大小，即设置不同的电极距进行测量，哪个电极距测量的效果最好就选用哪个电极距。否则，若要确定合理的供电电极距 AB 与测量电极距 MN，一般应综合考虑以下两个因素：

（1）拟探测对象（地层、构造、岩体等）顶部的埋深情况。如果盖层较厚，埋藏的深度较大，则应适当加大 AB 的距离（即剖面的长度），通常要求 AB 的长度不小于拟探测对象顶部埋藏深度的 3 倍。如，某一探测岩体顶部埋深约为 10 m，则供电电极距 AB 的长度应不小于 30 m。

（2）上覆岩层电阻率的大小及其变化性。一方面，如果发现覆盖层为低阻体，它往往会对电流产生强烈的屏蔽作用，在这种情况下，除满足以上条件，还应尽量加大 AB 极距。另一方面，如果判断浅表岩层的电性可能极不均匀（如干湿交替、岩层性质很不稳定等），则测量电极距 MN 不能太小，否则会导致实测视电阻率曲线呈明显锯齿状起伏变化。

5.4　系统检查观测的精度规定

5.4.1　原始数据质量评估

（1）判断人为或其他非地质因素对勘探结果的影响程度，如果影响太大以

致不能有效完成既定地质任务，如存在强干扰/噪声、较多的缺失值、突变点、负值点等，则建议有针对性地调整测量方案进行补测或重测。

（2）评价观测数据的地质效果，包括是否达到预期的探测目标，异常是否显著，异常的详细程度如何等。如果地质效果不佳，建议选用其他测量装置或者调整测线/网形式、测网密度、测量参数等进行重测，以获取最佳地质效果的勘探数据。

5.4.2　原始数据预处理

（1）突变点或虚假点的剔除。在实际测量的过程中，由于电极接地不好（不稳定）或电极与导线开关接触不良等原因，致使高密度电法断面原始数据中往往会出现一些与相邻视电阻率实测值相差很大（达几倍甚至几十倍）的虚假点或突变点（图 5-9）。显然，它们并不是由于探测对象电性差异而引起的真实异常，在进一步进行数据处理分析时势必会导致视电阻率断面图产生假异常，严重误导对地质现象、地质特征等的推断解释。为此，在将高密度电法测量的原始数据导出图示后，应仔细检查原始数据的变化、分布等特征，判断是否存在坏点或虚假点，如局部突变点、负值点等，一旦确实是坏点或者虚假点，就必须将其剔除，以免对后续数据处理和解释工作造成干扰。

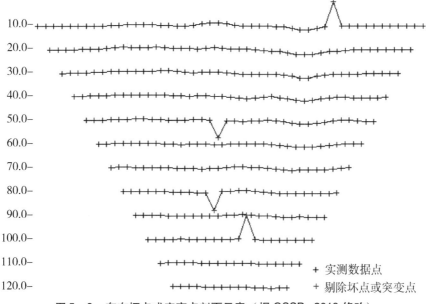

图 5-9　存在坏点或突变点剖面示意（据 GSSB，2019 修改）

（2）平滑处理。数据平滑处理的主要目的是消除随机干扰的影响。在对实测数据进行评估后，如果认定存在较强的随机干扰，如数据存在明显的不平稳、锯齿状起伏变化等特征，在进行更复杂的数据解释处理工作之前，如反演计算等，建议先采用数据滑动平均方法对原始数据进行预处理。

（3）数据拼接。在实际工作中，受限于高密度测量系统固有探测剖面长度，包括导线长度、电极数量以及仪器本身的性能指标等，往往会遇到长剖面无法一次完成、需要分段实施进行测量的情形。在进行数据处理解释时，如果每条断面分开单独处理，常常会造成计算精度不统一、异常解释困难等问题。为此，就需采用数据拼接的办法将同一剖面的不同测量断面拼接在一起来整体处理。一般来讲，同一剖面中邻断的两个断面间会有数据重叠的区域，数据拼接的问题主要是对两相邻数据断面重叠的部分进行处理（图5－10）。通常最直接、最简单的一种做法是对重叠区域的数据求平均值，即重叠区内同一点在两个相邻的断面上测得实际值的平均值作为该点拼接后的值。与此同时，若必要还需将拼接后的数据沿剖面方向做多次平滑处理，最终使得两相邻断面在重叠区域数据是平滑过渡的，即肉眼基本看不出明显的拼接痕迹，如突变边界等。

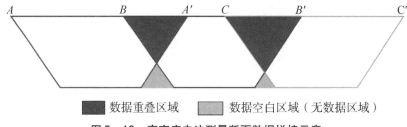

图5－10　高密度电法测量断面数据拼接示意

（4）地形校正。是否需要进行地形校正具体要看测量区域内地势地形起伏变化的情况。如果沿剖面方向地势地形起伏变化不大，仅有微小的地形起伏（地形基本上是平坦的），则完全可以忽略地形的影响，无须进行地形校正。但是，如果测区地势地形起伏明显，特别是在测线方向上地形地貌变化很大，就必须考虑地势地形对测量结果的影响。因为显著的地形差异，往往会导致勘探目标异常形态、位置的变化，甚至有可能直接掩盖某些局部、细小但有用的异常信息，误导对探测结果的推断解释。因此，在这种情况下，就必须对高密度电法探测的数据进行地形校（图5－11）。

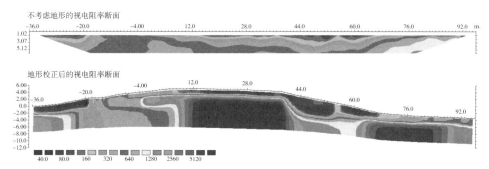

图 5-11   地形校正前后高密度电法测量断面数据反演结果对比示例

（据 GSSB，2019 修改）

5.4.3   反演计算

在进行剔除突变点或虚假点、数据拼接、平滑处理以及地形校正后，就可以进行反演计算（图 5-12）。目前，高密电法数据反演计算的方法技术已日趋成熟，常用的方法有最小二乘法、广义逆法以及佐迪反演法等，多种商业软件中都包含这些方法的反演计算功能，如 RES2DINV/RES3DINV、STRATA 等。不同反演算法，结果可能会有较大的差别，建议对比后取舍，选择最适合的方法进行反演计算，即使用的反演方法计算结果最符合地质事实。

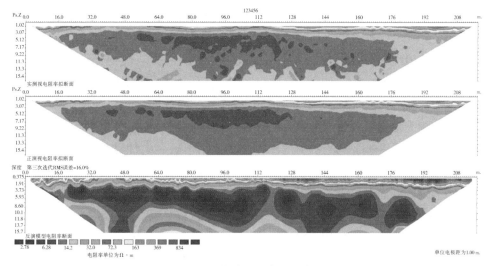

图 5-12   利用 RES2DINV 软件反演高密度电法测量断面数据示例

5.4.4 资料的图示

一般来讲，制作一幅正式的电法勘探图件，应该包含：图框、图名、比例尺（文字比例和图形比例尺）、图例、图幅号、接图表、技术说明、责任表和密级等基本要素。高密度电法勘探相关的主要图件及其绘制方法和要求如下：

1）位置类图件，主要包括：

（1）交通地理图。为专门展示工作区交通位置情况的图件，往往作为设计书、成果报告等的插图，或者其他成果图件的角图。

（2）工作布置图。为专门表示高密度电法勘探工作计划及设计内容的图件，常作为工作设计书的主要附图使用。

（3）实际材料图。为综合表示测区地理位置、测网形式、测网密度、测量比例尺、装置类型、电极/导线敷设方式等内容的图件，是电法勘探工作的基本成果图件之一。

（4）工作程度图。为专门表示工区以往工作程度的图件，主内容要包括：测区范围、测量剖面、工作路线、工作方法、工作比例尺及工作年份等。

2）参数类图件，主要包括：

（1）单个参数剖面图。为专门表示沿测线方向、同一深度内某一电性参数（如视电阻率等）变化特征的图件。

（2）综合参数剖面图。与单个参数剖面图绘制类似，只是将不同方法或同一方法的多种电性参数及相关的地形与地质要素在同一张参数剖面图上表示出来。主要用于同一剖面多电性参数异常特征的对比研究。

（3）等值线平面图。为专门展示有关电性参数平面空间变化特征的图件，主要用于研究电性参数的平面分布与变化特征，且往往以同比例尺地质简图作为底图，以便于推断解释。

（4）剖面平面图。为综合表示工作区域内所有剖面上有关电性参数曲线的平面分布及其沿各剖面变化特征的图件。主要用于研究电性参数的平面分布特征，对比各测线间的异常。

（5）地电断面图。为专门用于表示定量解释结果的剖面图，通常以测线为横坐标，以定量解释出的各电性层埋深为纵坐标进行绘制。

3）推断成果类图件，主要包括：

（1）推断剖面图。为在剖面图上地质解释的成果图件。编制的基本方法是以有关电性参数剖面图为底图，增加有关地质内容以及解释推断结果。

（2）推断平面图。为在平面图上地质解释的成果图件。往往是在有关电性参数等值线平面图上加绘的有关地质内容以及解释推断结果来进行绘制。

（3）推断立体图。为由电性结构推断解释的三维地质模型成果图件。一般是由剖面、平面或三维立体电性结构图综合推断解释各类地质要素，并由此构建三维地质模型。

5.5 高密度电法资料的解释推断

解释推断的基本任务就是利用实测异常或经过适当数据处理的电性异常，结合工作区内有关地质资料对引起这些异常的原因做出地质上的解释或推断，即将高密度电法勘探结果转换为地质的语言予以描述，它是高密度电法勘探工作的最终目的，属本次高密度电法勘探实习内容的重要组成部分，应该高质量完成。

5.5.1 解释推断的基本任务

（1）结合测区内岩矿的石电性参数以及有关的各种地质背景资料，综合对比分析，定性解释引起异常的地质原因，推断隐伏或深部地质结构特征。

（2）运用有效的数据处理方法，包括正反演数值模拟计算、滤波、比值变换等，定量确定探测对象的赋存状态，如形态、产状、埋深等。

（3）综合定性与定量解释推断成果，在测区已有地质及其他（重力、磁法等）相关资料的基础上，编制各类专题性解释推断成果图件，解决地质构造与勘探等有关问题。

5.5.2 解释推断的基本原则

（1）地质 - 地球物理综合研究。须综合分析地质资料与高密度电法勘探断面电性结构特征来进行推断解释。

（2）由已知到未知。由已知区域的地质和电性特征来类比推断位置区域。

（3）由简单到复杂。首先推断解释结构简单、特征鲜明的异常，然后再初步解释结构复杂、特征不明显的异常。

（4）由整体到局部。先由整体异常趋势和特征解释区域地质 - 构造框架，再对引起局部异常的地质要素进行推断解释。

（5）以点带面，点面结合。同时，考虑异常的局部和整体特征。

（6）定性解释与定量解释相结合。根据实际需要选择定性和定量解释的方法。

5.5.3 解释推断的基本要求

（1）定性解释。根据剖面、平面等图件上电性异常的基本特征，如异常的高低、起伏变化、形态等，初步解释引起各个异常的地质原因，推断相应异常体的形状、分布范围、走向、倾向、埋深等，并绘制出测区的定性解释图件。

（2）定量解释。选择典型的剖面或平面数据进行精细处理，如特征参数提取、二维或三维反演、划分背景与异常等，定量确定各个异常体的赋存情况，进而计算其几何形态（如大小、形状）、产状要素（如走向、倾向）与埋深情况等特征。

第6章　大地电磁法

6.1　大地电磁勘探方法实习教学大纲

6.1.1　教学目的

大地电磁勘探方法实习的教学目的：

（1）与实践相结合，巩固大地电磁法的理论学习成果。

（2）开展大地电磁野外工作方法和技术的训练，熟练掌握其仪器操作使用、采集参数设置及数据采集全过程。

（3）掌握大地电磁野外采集数据后续处理、分析和解释的基本技术和方法，解析其结果的地质意义。

6.1.2　教学实习的要求和内容

每位学生在实习时，均需参加大地电磁工作的全部过程。要求学生：

（1）熟悉大地电磁采集仪器各个部件的作用和连接方法。

（2）与工区的地质资料相结合，掌握大地电磁野外工作布置方法的基本原则。

（3）对大地电磁勘探野外操作时出现的故障独立分析并找到解决方案。

（4）掌握大地电磁采集数据的一般处理和解释方法，结合工区的地质与地球物理情况编写实习报告。

大地电磁勘探的主要教学内容为：

（1）大地电磁勘探的干扰因素分析，测线布设位置及方位的设计。

（2）大地电磁数据采集仪器各个部件的作用、连接方法以及相关注意事项。

（3）大地电磁采集仪的开/关机方法及存储卡的安设。

（4）大地电磁仪器野外工作布置方法。

（5）大地电磁仪器的采集参数设计方法。

（6）大地电磁野外数据采集及采集数据的简单处理方法。

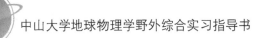

（7）结合实习工区的实际地质和地球物理情况进行大地电磁处理结果的地质解释。

6.2 大地电磁勘探地质任务和工作设计

6.2.1 大地电磁勘探的地质任务

大地电磁勘探教学实习的基本地质任务如下：

（1）收集实习区内现有的地质资料、地球物理资料、物性参数资料及人文干扰资料，以辅助对大地电磁勘探的测线设计及结果解释。

（2）采集实习区内各岩石标本，测定标本的电性参数，以便后续与大地电磁测量结果进行对照分析。

（3）根据野外实际情况，设计大地电磁勘探的测线和测网，要求设计合理。

（4）按照工作设计，利用大地电磁方法对实习区开展地下地层的调查工作，要求采集数据质量可靠。

（5）对大地电磁采集数据进行处理，并结合岩石标本的电性参数特征和前期调研资料，对实习区地下地层的电性特征进行解释。

6.2.2 大地电磁勘探的工作设计

6.2.2.1 大地电磁法勘探对测区的要求

（1）要求测区内存在相对稳定的电性标志层。

（2）要求测区内待探查的各个目的层厚度足够大，而且各目的层之间具有显著的电学性质差异。

（3）要求测区内具有较小的电磁噪声，且各种人为干扰均相对较小。

（4）要求测区内地形相对开阔、起伏较小。

6.2.2.2 大地电磁数据采集前的准备工作

（1）测区内相关资料收集。具体工作为：收集测区内前人所做的各种地质资料、钻孔资料、地球物理资料、电测井资料、测绘资料和岩石物性资料等。从多层面、多角度对测区的情况进行预了解和预分析。

（2）测区地理概况踏勘。主要目的为了解测区内的地形分布、测区附近的交通情况和民居分布，以及测区的季节性气候分布等情况，便于后续对测区内具体施工安排和施工时间做相应规划。

（3）测区干扰源调查。调查测区范围内可能对大地电磁信号产生影响的各类干扰源及其分布范围，据此对测区内进行大地电磁勘探的有利及不利条件进行评估。

（4）分析测区的噪声水平。主要方法为在测区内建立检查点，在检查点进行重复观测，分析同一检查点的不同观测结果，据此评估该点的噪声水平和观测精度。如果必要，可考虑设计一定数量的远参考道测点。

（5）观测频段的合理设计。大地电磁法利用低频电磁波探测深层电性结构，利用高频电磁波探测浅层电性结构。不同的观测频段对应不同的地下勘探深度范围。为合理设计观测频段，可首先利用测区内收集到的岩石电学物性参数信息，建立测区内的地电断面模型，利用计算机模拟进行正演计算，得到主要电性标志层在大地电磁测深曲线上的特征，分析其特征并据此设计合理的观测频段。

6.2.2.3　大地电磁数据采集测网、测点设计及要求

（1）测线方向的设计原则。设计测线位置要避开城镇和大的居民点，尽可能经过或靠近测区内已有的地震测线、深钻孔及垂向电测深点等。选择周围地形开阔地区布设测线，避开狭窄的深沟底或山顶等区域。测量电场时，要求两对不极化电极范围内地面平坦、相对高差与极距之比应小于 10%。要求布极范围内的地表土质相对均匀，在明显的局部非均匀体附近不应布置测点。如地形条件允许，测线应选在垂直于构造走向的方向上布置，目的是最大限度地控制构造形态。

（2）测点及测点间距的设计原则。所选测点要远离电磁干扰源，通常要求测点距离较大的工厂、铁路、矿山、电站 2 km 以上，距离雷达站、广播电台 1 km 以上，距离车辆繁忙的公路 200 m 以上，距离高压电线 500 m 以上。若研究以深部构造为主，则点距通常选为 10～50 km；若研究侧重于区域地质构造，则点距通常选为 5～20 km；若侧重于研究浅部构造，则点距通常选为 1～5 km。

（3）测线间距的设计原则。测区内的多条测线之间应彼此平行。若待探查地质体的构造走向方向延伸较长，则测线间距通常取为点距的 2 倍以上；若待探查地质体接近等轴状形态，则测线间距可取为点距。

针对特殊地质任务时，测线距、测点距可根据需要适当加密。可据实际情况在一定范围内小幅度调整测线距和测点距。面积测量时，应采用经纬仪或卫星定位仪进行测点高程和平面坐标的测定，测线的移动距离在相应比例尺的图上不应超过 0.5 cm。如在测区范围内发现有意义的异常则应及时加密测线，保证至少有 3 个测点位于异常部位。此外，如大地电磁测深曲线表现异常或不再连续，则必须加密测点。路线测量时，可以在比成图比例尺高 1 倍的大比例尺地形图上定点，但要求坐标偏差小于 1 mm，高程误差小于 1 个等高线距。

6.3 大地电磁法数据采集和质量保证

6.3.1 大地电磁法数据采集

6.3.1.1 大地电磁观测装置的铺设

（1）x 轴和 y 轴方向设置。在测区待探查地质体的构造走向已知的情况下，x 轴和 y 轴通常取为构造的走向和倾向，即保证 x 轴和 y 轴为主轴方向，此时测量的结果直接与入射场的 TE 波和 TM 波相对应；在测区待探查地质体构造走向未知的情况下，通常取 x 轴为正北方向，y 轴为正东方向。测区内不同测点的 x 轴和 y 轴方向应尽量保持一致，保证在确定测区内地下介质的电性主轴方位角时有统一的标准。

（2）不极化电极和磁棒野外布置方式：各种布极方式中，以"十"字形布极方式最为常用，即水平平面内展布的两对不极化电极垂直铺设，两个磁棒（磁传感器）也垂直敷设，通常要求方位偏差小于 1°，水平磁棒顶端与中心点的距离通常为 8 ~ 10 m。仪器通常布设在"十"字交汇点附近。这种布极方式可利于共模干扰的消除和克服表层电流场不均匀的影响。如因地形等特殊原因，施工中不便采用"十"字形铺设方式时，也可采用"L"形、"T"形等装置形式。如不利于水平方向内垂直布设电极或磁棒，也可采用斜交装置，但斜交角应保证大于 70°，方位偏差应保证小于 1°。正式观测前应确保电极和磁棒埋置良好，如观测时发现不稳定现象，则应认真检查不极化电极和磁棒的埋设质量及接地条件，直到观测稳定后再继续进行记录。

（3）电极距长度要求。电极距的长度通常选为 50 ~ 300 m，具体依据观测场地的噪声水平和观测信号的强弱确定。如测点周围地形允许，不极化电极两端应尽量保证水平；如测点周围地形起伏使得不极化电极两端不处在同一水平面上，则电极距按照实测水平距来计算，但应保证极距误差小于 ±1%。

（4）电极接地电阻要求。电极的接地电阻一般应小于 2000 Ω。在沙漠、戈壁等因干旱导致的地表高阻区或高阻岩石露头区，可采用多电极并联方式降低接地电阻，也可采用电极四周垫土后浇水的方式来降低接地电阻。

（5）电极埋设要求。不极化电极在土中的埋设深度通常为 20 ~ 30 cm，要求不极化电极与土壤良好接触，两不极化电极具有基本相同的埋置条件。流水旁、树根处、村庄内、沟坎边通常不宜埋设不极化电极。

（6）磁棒埋设要求。通过水平仪校准保证水平磁棒水平，水平磁棒入土深度应大于 30 cm；要求垂直磁棒保证垂直，入土深度应为磁棒总长度的 2/3 或 1/2以上，用土将磁棒入土部分埋实，保证露出地面部分不会晃动。

（7）电缆铺设要求。由于大地电磁信号微弱，要求信号传输过程的干扰少。因为悬空的电缆易在地磁场中摆动，其感应电流严重地影响观测结果，所以连接电极、磁棒与主机的信号电缆时，铺设电缆切忌悬空，不能并行放置，每隔 3 ～ 5 m 需用土或石块压实，防止晃动。最好将电缆掩埋，这样既可以防风，又可以减小温度变化的影响。

6.3.1.2 野外期间仪器设备的检测和维护

（1）仪器应定期标定。按照不同仪器的要求进行仪器的标定，要求相邻两次标定结果的相对误差不超过 2%。同一测区如有多台仪器一起施工，可在同一测点采用相同观测装置进行测量并对测量结果进行一致性对比。

（2）仪器应定期维护。在野外建立仪器检测和维护记录，对仪器使用日期进行记录、对仪器使用过程中出现的故障特征进行详细描述，并记录针对各种故障问题采取的排除措施。如仪器出现异常状况，应严禁使用异常仪器进行观测，以免对仪器造成损坏。野外工作时，如无法排除仪器发生的大故障时，严禁自行拆卸，应立即运送回基地检修。

（3）仪器搬运及保养要求。应经常清洗不极化电极，更换不极化电极罐内的溶液，保证罐内电解液充足、饱和，要求极差小于 2 mV。磁棒在搬运及埋设过程中应轻拿轻放，严禁撞击。

6.3.2 大地电磁法数据采集质量保证

6.3.2.1 提高资料观测数据的质量

通常，大地电磁观测时的干扰主要包括：电网干扰（其在电磁道均有体现）；电台、雷达、广播、手机等载波电话基站信号干扰、风干扰、工业游散电流干扰等。为提高观测资料的质量，应正确认识这些干扰因素的特征及产生原理，在采集时采取针对性的对策，尽量避开这些干扰。如：

（1）测量时段的选择。大地电磁的场源主要在电离层（与太阳风的活动有关）和雷雨放电等。可根据天然场源信号的规律性，寻找天然电磁场信号相对较强的时段并组织在该时段内进行大地电磁的野外观测工作。如测区人文干扰相对严重，可选择在干扰相对平静的夜间进行大地电磁的野外观测工作。

（2）仪器和施工条件保障。为增加测量大地电场的准确性，要求选择极差较小的不极化电极对组合配套作为测量电极对。严格按照不极化电极对、磁棒和电缆的布设要求进行布设，施工时采取多电极并联或垫土浇盐水等措施降低接地电阻。

（3）技术措施保证。可通过各种技术措施（如延长野外观测时间及增强功率谱的叠加次数）提高大地电磁野外观测数据的信噪比。如测区附近有铁路、矿区和城镇对测量结果造成干扰，可考虑采用远参考道的方法。远参考道的设置分为两种：①固定的远参考道法。是磁棒布设在某固定点处（该点即为参考点或基点），其他测点围绕参考点移动布设不极化电极和磁棒。基点通常要求布设在远离干扰源处、有较小的干扰背景且地面开阔平坦。②移动的远参考道法（互参考道法）。是两测点均布置不极化电极和磁棒，二者的磁道（或电道）数据分别互作参考，两测点间距需根据测区的噪声水平，由观测试验确定。观测完毕后，同时移动两点。

6.3.2.2　大地电磁法观测要求

（1）仪器的连接要求。大地电磁野外正式观测前，应检查不极化电极、磁感应器以及电缆信号线的埋置和铺设是否符合要求，各部件之间连接是否稳妥、牢固。

（2）观测前的测试要求。大地电磁仪器启动后，应按照仪器操作说明书要求进行噪声测试、电极比较、增益测试及极性比较等各种测试。

（3）观测中的注意事项。大地电磁场的连续观测需选择干扰背景相对平静的时间段进行。在观测过程中，通过仪器的监视屏幕观察和分析测量得到的视电阻率和相位曲线的数据质量和数据特征，如发现出现记录道反向、饱和或严重干扰等现象时应注意分析原因、纠正错误并及时重测或补测。采用远参考道法方法工作时，注意参考点与测点的观测记录应保持同步。

（4）观测数据的质量要求。要求每个测点处观测的最低频率能够满足待探查目标体的最大深度。每一频率点的观测值应保证有足够多的叠加次数，对于低频段数据的采集尤其如此，必要时可适当延长观测时间，保证每个频率点观测的叠加次数大于3次。

（5）观测后数据的整理要求。每个测点观测完成后，要求及时整理数据，注明大地电磁数据采集的观测时间、观测位置、观测人员、测线号及测点号等信息。注重对数据的备份，保证一份用于数据存档，一份用于数据后处理。

6.3.2.3　大地电磁检查点的规定

大地电磁检查点是指同一观测点不同日期布极观测的位置。通常设在相对平静、干扰较小的区域，且要求测区范围内检查点均匀分布。通常要求检查点的数目大于全测区测点的3%。检查点与被检查点处的全频视电阻率曲线及相位曲线，应保持曲线形态一致，且对应频点的数值保持接近。

6.3.2.4　野外资料质量评价

大地电磁每个测点 x 轴，y 轴两个方向的视电阻率曲线和相位曲线应分别进行质量评定，按等级登记。

视电阻率曲线和相位曲线的质量评价分为：

Ⅰ级：要求85%以上频点的大地电磁观测数据标准差小于20%，曲线横向上连续性好，能实现严格的数据内插。

Ⅱ级：要求 75% 以上频点的大地电磁观测数据标准差小于 40%，曲线无明显脱节现象。

Ⅲ级：数据点分散，低于Ⅱ级的标准，可认为该数据为不合格数据。

6.4　大地电磁数据处理和初步解释

6.4.1　大地电磁的数据处理

6.4.1.1　频谱分析

大地电磁的野外实测数据是测量时间内天然电磁场随时间变化的时间域记录，在处理过程中，需借助频谱分析（即通过傅氏变换）将其转换为随频率变化的电场和磁场分量值。在频谱分析后，也可通过数字滤波的手段去掉一些干扰。

6.4.1.2　张量阻抗的计算

频谱分析后，利用不同频率的电场和磁场诸分量的数值，可计算得出对应不同频率的张量阻抗值。

6.4.1.3　测量坐标旋转

当测量坐标 x 轴和 y 轴与实际地下介质的二维构造走向一致时，每个测点不同频率计算得到的主阻抗元素 Z_{yx} 和 Z_{xy} 分别与二维构造体的走向和倾向方向相对应，辅阻抗元素 Z_{xx} 和 Z_{yy} 将趋于零。如辅阻抗元素 Z_{xx} 和 Z_{yy} 不趋于零，则表明测量坐标 x 轴和 y 轴与实际地质体的二维构造走向不一致，此时需通过坐标旋转的方式求取旋转角，经过合适的角度旋转后，辅阻抗元素 Z_{xx} 和 Z_{yy} 的平方和倾向于最小、主阻抗元素 Z_{yx} 和 Z_{xy} 的平方和倾向于最大。经此角度旋转处理后，主阻抗元素 Z_{yx} 和 Z_{xy} 可认为分别与二维构造体的走向和倾向方向相对应。

6.4.1.4　视电阻率的计算

经上述角度坐标旋转后，将主阻抗元素 Z_{yx} 和 Z_{xy} 带入计算视电阻率的公式求得 ρ_{xy} 和 ρ_{yx}。其中，ρ_{xy} 表示该测点沿构造走向不同频率（代表不同深度）对应的视电阻率变化，ρ_{yx} 表示沿构造倾向方向不同频率对应的视电阻率变化。

6.4.2　大地电磁数据的初步解释

每一测点经处理得到视电阻率曲线后，大地电磁数据的解释可类似直流电阻率测深曲线的解释方法进行，具体包括：对大地电磁曲线的畸变分析、定性图件

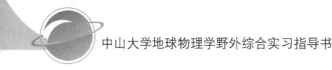

绘制、定量解释和地质解释等。

通过对单一测点曲线的畸变分析，可定性了解测区内该测点下方的地电断面分布特征，多个测点的分析结果相综合，可绘制出反映地电断面空间展布形态的定性图件，有利于从电学参数上分析和了解测区的构造分布特征。

目前，大地电磁数据的定量解释主要是利用电子计算机进行，其解释思路与直流电测深曲线解释方法基本一致。首先，通过分析实测视电阻率曲线的特征，确定出地下介质模型的岩层层数，初步估计出各层的电性参数，建立地电断面参数模型；然后，利用电磁学理论公式编制算法并用计算机进行理论模拟，得到对应这一地电断面参数模型的视电阻率曲线，与实测的视电阻率曲线对比，如二者差异较大则修改正演模拟的模型参数，直至模拟的视电阻率曲线与实测的视电阻率曲线在规定误差范围内吻合。达到规定误差范围的最后一组模拟地电断面参数即为实测视电阻率曲线的最终反演结果。与直流电阻率测深曲线不同的是，大地电磁法中阻抗是复数，所以大地电磁法每个测点除得到两条随频率变化的视电阻率曲线外，还可得到两条相位曲线。对于均匀介质，电场、磁场间相位差为45°；对于非均匀介质，二者的相位差将偏离45°。相位的这一特性也可用来反映断面的电性变化。

反演得到地下的地电断面后，与钻井数据、测区标本电性参数测量结果、前期的物探资料等信息相结合，可给出地电断面对应的地质解释。

第 7 章　浅层地震勘探

浅层地震勘探方法是浅地表地球物理勘探中的一种重要方法和手段。开展浅层地震勘探教学实习是巩固理论教学成果，加深学生对地震勘探理论和工作方法的一个重要环节。浅层地震勘探包括野外数据采集、数据处理和解释等部分。从勘探方法角度来看，大致有浅层地震反射法（含地震映像和多次覆盖方法）、浅层地震折射法、瞬态瑞雷面波法、井间地震波 CT 法等。受施工场地等影响，浅层地震勘探教学实习主要内容为前 3 种方法。

7.1　浅层地震勘探实习教学大纲与工作设计

7.1.1　浅层地震勘探实习教学目的

（1）让学生熟悉并掌握各类浅层地震勘探野外工作方法和流程。
（2）进一步锻炼学生对浅层地震勘探仪器的操作和使用。
（3）促使学生针对特定地质任务，设计并实施浅层地震勘探工作方案。
（4）进一步提升学生对浅层地震勘探理论和方法的理解。

7.1.2　浅层地震勘探实习的地质任务

结合实习点的地质情况，浅层地震勘探实习的地质任务主要包括：
（1）获得实习点的速度参数。
（2）获取地下高精度的地层结构，包括第四系松散沉积物、潜水面、基岩面等。
（3）探测地下可能存在的断裂及其空间展布。
（4）获取地下介质的速度结构。
（5）绘制地震–地质解释剖面，对地震异常进行定性或半定量解释。

7.1.3　浅层地震勘探实习的工作设计

在实际的地震勘探工作中，整个工作大体上分为现场踏勘、施工设计、

野外数据采集、数据处理、数据解释等阶段，需要由测量、激发、接收、处理、解释等多工种相互密切配合。为了保证整个工作有条不紊地展开，在实际工作开展前，需要明确要求和规定各部分工作部署，即编写地震勘探工作设计书。

浅层地震勘探工作设计书是根据任务，在充分调查和研究的基础上，根据现行的规范或规定来编写。其主要内容包括项目背景、工作任务、野外数据采集方法、数据处理方法等。

7.1.4 浅层地震勘探野外数据采集的基本原则

地震资料的野外采集是地震勘探工作的一个基础且重要的环节，其目的是高效率、高质量地获取地震原始数据，为下一步的地震资料处理和解释做准备。

浅层地震勘探野外数据采集的基本次序为：踏勘工区→布置测线→进行试验工作→选择最佳合适的激发和接收条件→正常数据采集→完成生产勘探任务。由于各探区条件不同，具体的野外工作方法会有较大差别。

7.1.4.1 工区踏勘

工区踏勘是浅层地震勘探种必不可少的环节。本步骤的主要目的是：了解工区地理、地质和人文条件，探讨各种方法的可行性，为后续测线布设、工作方法的选取等提供基础。

7.1.4.2 地震测线布设的基本原则

地震测线是指沿着地面进行地震勘探野外工作的路线，沿测线观测到的数据经数据处理以后的成果就是地震剖面（时间剖面或深度剖面）。测线的布设与了解地下地质结构有很大关系。在开展面积性工作时，测网的密度应该保证在按工作比例尺绘制的图件上，剖面线距为 $1 \sim 4$ cm。

浅层地震测线布置的基本原则是：

（1）测线应尽量为直线。当测线为直线时，垂直切面为一平面，所反映的构造形态比较真实。

（2）主测线应尽量垂直构造走向，联络测线平行构造走向。目的是减少地震波的复杂性，以更好地反映构造形态和获取铅垂深度或视铅垂深度，从而为绘制构造图提供便利。

（3）测线应尽量通过已知地质条件区域，为后续数据处理或解释提供约束。

7.1.5 浅层地震勘探野外试验工作

由于不同的工区有着不同的地震地质条件，地震勘探的野外工作方法的选择较为复杂，因此，在一个新的工区，在正式采集地震数据前必须开展一些试验性工作，以选取工区内最佳的野外工作方法和参数。

试验工作的内容主要为：干扰波调查，最佳激发条件、接收条件的选择，地震地质条件的了解和测定等。

7.1.5.1　试验工作的基本原则

（1）试验前，需要了解前人工作资料，在此基础上拟订试验方案。

（2）在有代表性的典型地段上做重点试验，获取一定经验后再向全工区推广。

（3）试验工作保持单一参数变化的原则。在试验工作中，不能同时改变一个以上的试验条件，方可正确判断地震记录改变的规律和原因。当取得各种单一参数的资料后，再综合选择各种最佳因素，逐步开展更复杂的试验。需注意的是，尽可能选用较简单的参数解决地质任务。

7.1.5.2　试验工作的内容

（1）干扰波调查。干扰波调查确定工区有效波和干扰波的特性，是制定压制干扰合适措施的基础。干扰波调查一般用单道检波器小道距接收，排列可用"L"形，以便调查侧向干扰。每激发一次，排列沿测线移动几个道间距，直到最大炮检距达到反射勘探所用的最大炮检距为止。然后，分析所得地震记录，可识别出有效波和各种干扰；计算其视速度、视频率、视波长、振幅及与最弱的有效波的振幅比等特性。如果随机干扰较强，则还需计算它们的相关半径。

（2）激发条件的选择。使用炸药震源时，应进行激发深度的试验。炸药量应能保证最大勘探深度的反射波振幅比背景噪声大几倍，在此基础上尽量减少用药量。对于使用撞击震源或气动震源，需要测试每个位置的敲击数目或开枪次数，以保证信噪比。

（3）接收条件的选择。组合检波应严格根据干扰波调查资料来设计。当实际条件不允许时，可以采取折中方法，即在不压制信号的条件下允许部分干扰存在。当设计组合激发时，应与组合检波同时设计和试验。组合参数确定后，进行道间距、偏移距和覆盖次数等参数的选择。应根据主要目的层的深度确定排列长度。在确定道间距时，要考虑避免空间采样的假频，并使深度点间隔小于波长的一半。覆盖次数由信噪比决定。

7.1.6 数据采集时的注意事项

7.1.6.1 激发注意事项

激发震源可分为两类：一类为炸药震源；另一类为非炸药震源，包括敲击、夯锤以及空气枪、电火花等。在工程地震中，这几种震源均被采用。对于激发纵波而言，两类方式均可选择。但是在激发时，一般有如下两个基本要求：①激发力要竖直向下；②激发装置与大地良好耦合。

在工程地震勘探野外工作中，锤击震源是一种常用的震源。这类震源一般由大锤、金属垫板、触发开关和电缆组成。当大锤锤击时，触发开关激发信号，经电缆传输至采集系统。

激发点应选取相对平整、坚实位置。为了提高有效能量，去除激发点下的疏松土以减少高频滤波作用，并垫上金属板。大锤在冲击金属垫板时会很快止动，使冲击的突然性增大，有效信号初动的锋锐度和清晰度也得到提高。同时，金属垫板能将冲击能量分摊到一个较大的面积上，减少塑性形变能损耗。锤击时，冲击应正对着垫板中心。当冲击位置位于金属垫板边缘时，金属垫板的有效面积减小，土层的塑性应变就会增加，转换成弹性波的能量部分就会降低。当大锤斜着冲击金属垫板时，冲击强度就会降低。此外，垫板要摆放平实，多次激发应随时注意金属垫板与地面的耦合状况。当激发位置位于坚硬岩石表面（如天然露头、露天采矿场的边坡、坑道壁等）时，大锤在冲击时将产生强烈的反弹，采用刚性较差的大锤会减小回跳能损耗。当勘探深度较大，需要较大的能量时，可采用落锤自由下落来激发弹性波。

本次实习采用锤击震源。根据勘探深度、排列长度和激发条件的不同，可选择采用 $15 \sim 25$ LB 的铁锤，以及 $15 \sim 25$ cm^2、重 $10 \sim 20$ kg 的合金钢垫板作为锤击激发震源。激发时，扬锤要高直、落锤要有力、干脆，当锤回弹时，迅速将其移开垫板，不要拖泥带水，以免引起多次激发，落锤最好击打垫板中心。炮线要绕过肩部，防止锤断炮线。

7.1.6.2 接收注意事项

（1）检波器的选择。一般认为采用自然频率较高的检波器，有助于扩展记录信号的宽高频，以及提高地震记录的分辨率，压制低频干扰。在陆地勘探中，选用速度检波器；在水中接收时，采用压力检波器。

实习所采用的浅层地震仪配备了 4 Hz 和 28 Hz 检波器各一套（24 个）。其中，4 Hz 检波器主要用于面波勘探，28 Hz 检波器用于反射、折射和地震映像法。

（2）检波器埋置。根据仪器的响应与波的振动方向之间的关系，采用垂直

检波器接收地面位移的垂直分量，可得到最大的灵敏度。为保证检波器与大地良好耦合，应选择在潮湿、致密的土壤或岩石中埋设检波器，也可挖坑插入检波器后，再用土盖上。埋置前，应清除浮土和周围的杂草，松土须先踩实。检波器要平稳（严禁重击!）、垂直埋实在接收点位置上。检波器与卡口电缆正负极连接应正确，并需防止漏水造成的漏电和地面渍水造成的短路，以及防止极性接反和接触不良。

（3）接收点检波方式。在浅层高分辨率地震勘探中，通常采用每道单个检波器接收的方式，以减少组合检波所带来的高频成分衰减。如果表层非常疏松，面波干扰非常强烈，为减少后期处理的困难，在接收时可以采用组合方式记录地震信号，提高信噪比。但是，需要综合考虑纵向分辨率的影响。因此，在实际勘探工作中，应根据实际地质条件、目的及要求，综合考虑选择检波方式。

7.1.6.3　其他注意事项

（1）仪器的参数选择，应根据噪声背景、激发与接收的地震地质条件因素，加以综合考虑。

（2）注意保持仪器清洁，避免受到剧烈碰撞，每天收工后，应及时对仪器和微机的电源充电。

（3）检波器应避免剧烈震动，不工作时，要把其引线上的夹子短路，禁止拖拉引线和大线（电缆线），除仪器操作组的操作员以外，其他人未经允许不得乱动仪器和微机。

（4）操作员应在现场及时分析地震记录。若地震记录不符合要求，应查明原因，及时重测。

（5）仪器组要及时在每炮记录纸的左边和微机样盘中登记工区名称、记录编号、测线与排列号、排列起止桩号、检波点距、震源点桩号和一个排列中激发的先后顺序号、仪器因素、工作日期、操作员姓名，以及其他需要说明的情况等内容。

（6）外业分测量、仪器、检波、激发 4 个组，由操作员统一指挥，工作期间各就各位，分工协作；实习期间，同学轮流担任仪器操作员、检波工和激发工。

7.1.7　相关术语

（1）观测系统：激发点和接收点之间的相互位置关系，简称"观测系统"。

（2）测线类型：根据激发点和接收点的相对位置，地震测线分为纵测线和非纵线两大类。激发点和接收点在同一条直线上的测线，称为纵测线；激发点和接收点不在同一条直线上的测线叫作非纵测线。

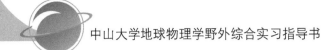

（3）检波（接收）道数（N）：同一个排列上检波器的个数。

（4）道间距（ΔX）：相邻两个检波器之间的距离。

（5）排列长度（L）：第一个检波器到最远检波器的距离 $L = (N-1)\Delta X$。

（6）偏移距（X_1）：炮点到第一个检波器的距离，一般为道间距的倍数。

（7）最大炮检距（$X_{\max}$）：炮点到最远检波器的距离 $X_1 + L$。

（8）记录长度：单道记录的总点数（或时间长度）。

（9）时间采样率 Δt：其大小必须满足采样定理：

$$\Delta t \leqslant \frac{1}{2f_c} = \frac{T_{\min}}{2} \qquad (7-1)$$

式中，f_c 为记录信号中的最高频率。注意：采样率的值不能选择过高，以免点数太多，导致存储容量不够或增加不必要的勘探成本。

（10）空间采样率（道间距）Δx：根据采样定理有：

$$\Delta x \leqslant \frac{\lambda_{\min}^*}{2} = \frac{V^*}{2f_{\max}^*} \qquad (7-2)$$

式中，$\lambda_{\min}^*$ 为最短视波长，V^* 为地震波传播的视速度，$\lambda_{\min}^*$ 为波的最高视主频。因而，道间距的选择原则为：经过处理后的地震剖面相邻道上，能可靠地追踪地震波的同一相位而不出现空间假频。

7.2 浅层反射波法地震勘探

7.2.1 试验剖面观测及分析

7.2.1.1 试验剖面的目的

在实际生产过程前，要开展试验剖面观测工作，以了解工区的地质条件、地震记录中各种干扰波类型和特征，检测地震观测系统中的电缆和坏道，确定采集参数等。

在确定测线位置和观测系统参数后，根据设定的参数激发和接收，可获得共炮点道集试验剖面（图 7 - 1）。

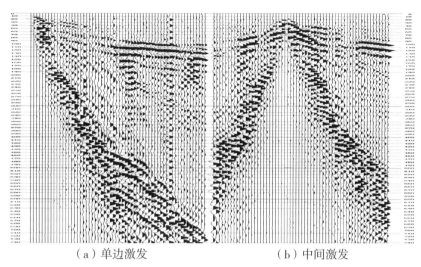

（a）单边激发　　　　　　　　　　（b）中间激发

图 7 - 1　单边激发试验记录和中间激发试验记录

7.2.1.2　试验剖面的分析

试验剖面分析主要包括以下六个方面：

（1）从记录形态和各接收道相互关系，分析参数设置正确性以及出现问题的可能因素。

（2）根据波的运动学特征和动力学特征，识别所记录的各种类型的地震波，对比它们之间的差异。

（3）找出坏道、噪音干扰严重的道及其原因。

（4）如果记录中有折射波，找出盲区值以及折射波和直达波交点。

（5）观察近炮点与远炮点，深层和浅层各地震波的特征差异，并得出合理的认识。

（6）根据对记录质量的评价，给出适当的采集参数（含观测系统、仪器及显示参数）。

7.2.2　浅层反射地震数据的处理

分析试验剖面可以获得合理的浅层反射地震数据采集参数，包括时间采样率、时间采样点数、空间采样率、偏移距和道间距、增益系数等，以确保地震数据质量。据此，就可以设定参数正式地采集地震数据。

在获得符合质量要求的地震数据后，需对地震数据进行数字处理工作。利用计算机对原始地震资料进行一系列的操作，地震资料数字处理实现压制干扰、提高地震数据信噪比和分辨率、提取地震参数，从而为地震资料解释提供反映地下介质结构和岩性等的地震剖面和参数。

7.2.2.1 数据预处理

在对数据做实质性处理之前，为满足计算机及处理方法的要求，需要对原始数据开展一些准备工作。数据预处理的具体工作主要有：数据重排（解编）、不正常道、炮处理、抽道集、增益恢复、初至切除和滤波等。对噪声干扰严重、带有瞬变噪音或单频信号的记录道都应做删除处理，极性反转的道要改正。

部分干扰波和有效波在频谱上存在差异。例如，一般而言，浅层地震反射波有效频段在 10 ～ 100 Hz，其面波表现为低频，随机噪声一般集中在高频段。因此，可以用带通或高通滤波来消除噪声，增加有效波的信噪比。

由于震源及检波器的差异，地震数据道间能量差别较大，需对地震道进行增益计算，使相邻道振幅水平一致。

7.2.2.2 实质性处理

浅层地震数据处理可以包含很多步骤，需要依据实际数据和勘探目标来选取具体的步骤和方法。当采用的是浅层地震映像方法时，可以不开展以下处理工作内容。

1）静校正。当地表起伏，或炮点与检波点位置不在同一水平面，或近地表介质为非均匀介质时，所记录到的反射波时距曲线不再具有双曲线特征。共炮点记录不能正确反映地下构造形态。共反射点记录也难以实现同相叠加，从而严重影响了水平叠加时间剖面质量。此时，要对地震资料开展静校正工作，主要工作包括静校正量的计算和静校正两部分。

2）速度分析。利用数据处理软件提供的速度分析功能所获得的速度谱主要有以下四个方面的用途：

（1）确定最佳叠加速度。连接速度谱中主峰值（或次峰值）所对应的速度值，获得叠加速度曲线，从而为水平叠加提供动校正的速度参数。

（2）通过比较速度谱上的能量团与水平叠加事件剖面上强反射层的位置匹配程度，检查叠加时间剖面的正确性。

（3）识别多次反射等规则干扰波。在深层速度谱中，如果存在速度相对较低，且相应的 t_0 时间与速度相近的浅部能量团的 t_0 时间成近倍数关系，就应考虑该能量团由多次波形成。当速度谱中存在速度过低或过高的能量团，则应注意时间剖面上是否存在其他规则干扰波。

（4）层速度求取。

3）动校正。动校正处理是依托共反射点（或共中心点）（common middle point，CMP）道集来展开的。抽道集的工作具有共中心点的，把不同炮检距的各道抽取出来组成新的道集。此时形成的新的道集记录了来自同一界面同一点的反射波。动校正处理就是将 CMP 道集中的反射波到达时间按正常时差规律校正为共中心点处的回声时间，以并进行同相叠加，使得叠加后的记录道变为自激自收

的记录道，以直观反映地下构造形态。CMP 道集上所有道、所有校值点均根据叠加速度所计算出来的动校正量来进行校正。因而，速度参数选取的准确性制约了动校正的效果。当所选取的速度准确，则双曲线同相轴能够被校直，从而实现同相叠加，否则所叠加的同相轴不能呈直线。

4）叠加。利用叠加速度对 CMP 道进行正常时差校正（normal moveout correction，NMO），可获得叠加剖面。共反射点叠加剖面压制了与一次反射波视速度不同的多次波，以及各种满足统计规律的随机干扰，提高了地震记录的信噪比。提高覆盖次数是有效提高地震记录信噪比的方法之一，也能增强对多次波的压制能力。然而，当地层不为水平时，地下界面的反射点变成反射"面元"，而且道集内反射点的分散距离随地层倾角的增大而增大，此时，增加覆盖次数反而不能获得预期的叠加效果。此外，覆盖次数的增加会大幅提升勘探成本。因此，在数据采集中，需要从地质条件、信噪比和勘探成本等多个因素来综合考虑的覆盖次数。

7.3 浅层地震折射波法地震勘探

7.3.1 折射波法勘探与反射波法勘探的差异

折射波法与反射波法在激发、接收、测线布置、试验剖面分析及观测参数设计等方面并无二致。因此，本节不再赘述该部分内容。

折射波只有在某个地层的地震波传播速度大于其上所有各层速度的地层顶面才能形成。实际上，地层剖面中只有少数地层能满足这个条件。当剖面中存在速度较高的厚层，折射波法就不能用于研究更深处的速度比它低的地层，即存在"屏蔽效应"。然而，如果高速层厚度小于地震波的波长时，屏蔽效应并不发生。

在折射波法地震勘探中，由于折射波观测存在盲区，折射波的接收地段必须在盲区范围之外，但至少保留 4 道左右数据能清晰地观测到直达波信息，以便后续对折射波的分析。

折射波盲区范围受折射界面的深度、倾斜情况以及临界角的大小等因素影响。在做干扰波调查和试验剖面工作时，要仔细设计激发点位置及激发点间距离。需要注意的是，如果折射界面埋深较深时，盲区会很大，要在离开激发点足够远处才能接收到折射波。

7.3.2 相遇观测系统和追逐观测系统

7.3.2.1 相遇观测系统

当地下界面起伏较大或不太规则时，仅接收地段的某一端激发，获得的折射波信息只能获得激发点处界面的深度，不能反映界面的变化。此时，需要在观测剖面两端激发，获得两支时距曲线（图7-2）。O_1、O_2 分别为激发点，S_1 和 S_2 为相应的时距曲线。这样，地震记录可以从两个方向上给出同一地段的界面形态，由曲线斜率的变化可判断界面的变化，并计算出公共段的界面埋深。

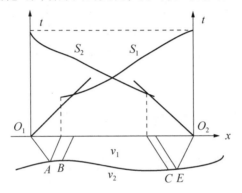

图7-2 相遇观测系统示意

7.3.2.2 追逐观测系统

追逐观测系统是在剖面上测得一段时距曲线 S_1 之后，将激发点沿剖面移动一定的距离再进行激发观测得到另一段时距曲线 S_2，形成互相对应的时距曲线（图7-3）。

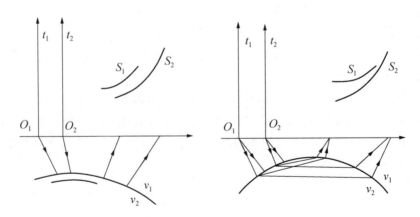

图7-3 追逐观测系统

追逐观测系统可以探测折射界面的横向速度变化情况。如图7-4所示的三

层水平介质模型（图 7 – 4a）和两层水平介质模型（图 7 – 4b），两者的简单观测系统的时距曲线形态相似，难以据此给出地下介质结构。图 7 – 5（a）为只有垂向速度变化介质的时距曲线，可知两条曲线的临界距离只有横向位置变化。在图 7 – 5（b）中，速度突变点上方的临界距离没有发生横向移动，只是随激发点的位置变化而在到时上时间有所变化，且两个激发点产生的时差在曲线拐点的左、右两边相等。可见，追逐观测系统则可区别水平方向和垂直方向的异常体。

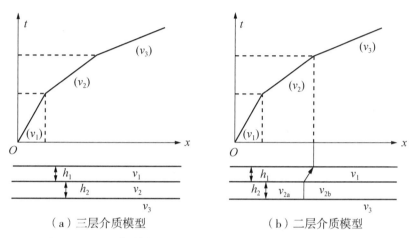

（a）三层介质模型　　　　　　　（b）二层介质模型

图 7 – 4　三层介质模型和两层介质模型有横向变化时的时距曲线

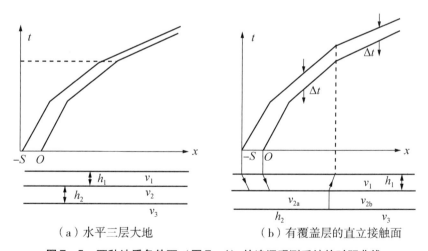

（a）水平三层大地　　　　　　　（b）有覆盖层的直立接触面

图 7 – 5　两种地质条件下（图 7 – 4）的追逐观测系统的时距曲线

　　实际野外工作中，表层条件较复杂，可采用双重相遇的观测系统，即综合相遇观测系统和追逐观测系统。在观测剖面的两端分别激发，获得一组相遇时距曲线，然后将激发点对称地各移动一段距离，再分别进行激发，获得另一组追逐的相遇时距曲线。将两组时距曲线绘制在同一坐标系内，利用其平行性的特点可以

将远激发点的时距曲线平移到近激发点曲线上来，以弥补近激发点时距曲线的不足，可以更好地揭示表层横向速度变化。

7.3.3 折射地震剖面的数据采集与处理

7.3.3.1 折射地震数据的采集

折射波的数据采集过程与反射波方法较为相似，所不同的是采用了不同的观测系统。与反射波法类似，折射波法在采集数据之前要进行参数试验和干扰波调查。在折射波地震记录中，主要利用的是初至波和折射波。需要注意的是，地震资料质量高低取决于在每一炮的地震记录中初至波的图像是否清晰明显。若初至明显并易于读取，则折射波和直达波图形明显，地震资料的质量较高；反之，则资料质量低。为此，在进行试验剖面时，应着重分析折射波的特点及盲区大小，确定折射数据采集时的最小偏移距和排列接收范围。

7.3.3.2 折射地震数据的处理

折射波地震数据处理的主要内容有：初至折射波初至提取、校正、时距曲线绘制与折射界面解释等。

（1）初至折射波初至提取。基于折射波的运动学和动力学特征，初至折射波初至提取主要是依据波的对比和分析来开展的。地震记录上各种类型的有效波是来自各个界面的，并受岩性、上覆地层的物性以及反射界面的埋藏深度与产状等因素影响。在相对较小的范围内，这些因素变化通常不大。因而，在同一界面获得的有效波在相邻各道上的特点如振幅、频率和相位等是相似的。

在地震记录中，来自同一界面上的地震波同相轴应该是平滑的且延伸较长，且在相邻道上的振动图形是相似的。这种相似性的特点在波形记录上表现为：相邻道振动图的视周期、相位数、振动的强弱以及振动延续时间等具有相似关系。

折射波法利用了来自各折射界面的初至折射波，以及沿地表传播的直达波。与其他有效波相比，折射波的主要标志有：同相性、波形的连续性与相似性、振幅变化等。

初至折射波最先到达检波器，波的初至相对比较清晰。然而，在实际工作中，浅层折射波的频率较高，且表层覆盖物疏松复杂，这会造成折射波的振幅大幅衰减。因此，在拾取初至折射波的时间时，需注意分析直达波和折射波能量的衰减和变化，并注意折射波、直达波初至时间斜率的变化。

（2）校正。与反射波法相似，折射波法工作中如果存在同一测线上的激发点或检波点不在同一水平面上时，地震波的传播路径和到达时间会发生改变，从而影响解释结果。此时，需要对折射波地震资料进行校正。折射波校正方法与反射波法静校正相类似，在此不再赘述。

（3）时距曲线的绘制。从地震记录中拾取出各检波点的直达波和折射波到达时间后，绘制出时距曲线图，并获得的互换时间。具体绘图要求根据实际实习区条件和成图要求而定。纵、横坐标单位分别为 ms 和 m。

（4）折射界面解释。t_0 差数时距曲线方法是常用的折射波解释方法。当折射界面的曲率半径远远大于其埋深时，该方法具有简便、快速的优点，且能够获取较好效果。

实习采用 t_0 差数时距曲线法来求取折射面的法线深度 h 和折射层的波速 v_2。如图 7-6 所示，假定 O_1、O_2 为观测排列 O_1O_2 两端的两个激发点，构成相遇观测系统，有两条折射波时距曲线 S_1 和 S_2，D 为观测排列中的任意一点。t_1 表示 O_1 激发、D 点观测得到的折射波到达时；t_2 表示 O_2 点激发、D 点接收观测得到的

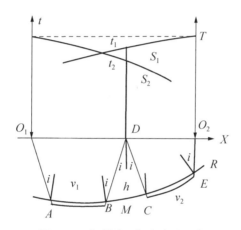

图 7-6　折射波 t_0 解释方法示意

折射波到达时。那么，互换时 T 就可以表示为：

$$T = t_{O_1AB} + t_{BC} + t_{CEO_2} \qquad (7-3)$$

当界面起伏不大时，由 B、C、D 3 点组成的三角形可视为等腰三角形，B、D 两点和 B、C 两点的旅行时就为：

$$t_{BC} = 2t_{BM} = 2h \cdot \tan i / v_2$$
$$t_{BD} = t_{CD} = h/(v_1 \cos i) \qquad (7-4)$$

式中，i 作辅助曲线 t_0，t_0 曲线可由每一观测点对应的 t_1，t_2 值及互换时 T 计算得出：

$$t_0 = t_1 + t_2 - T = 2h \cdot \cos i / v_1 \qquad (7-5)$$

那么，观测点 D 对应的界面深度 h 可由 t_0 曲线表达：

$$h = (t_1 + t_2 - T) \cdot v_1/(2\cos i) = K \cdot t_0$$
$$K = v_1/(2\cos i) = v_1 \cdot v_2/(2\sqrt{v_2^2 - v_1^2}) \qquad (7-6)$$

其中，只有参数 i 未知。如能求得 i 值，则每一个观测点对应的界面深度可求出，

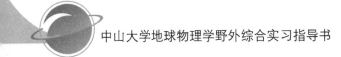

幅达到极大值后迅速降低，其主要能量均集中在小于一个波长的深度范围内。

面波可分为不同的模态。不同模态面波的能量大小与地下介质速度结构有关。由于不同模态的面波以不同的相速度传播，因而在距震源远处的，不同模态的面波达到时间不同。可见，在远距离处布置检波器排列，可以在地震记录中分开不同模态面波。

面波勘探的核心是准确获取不同频率面波的相速度。同一频率的面波相速度在测线方向上的变化反映了地质条件的横向不均匀性；而不同频率的面波相速度的变化则反映了介质在垂向上的不均匀性。

根据面波传播的频散特性，瑞雷波勘探利用人工震源激发产生多种频率成分的瑞雷面波，构建瑞雷波速度随频率的变化关系（即频散曲线），从而最终确定出地下介质瑞雷波速度随坐标的变化关系。

瑞雷波勘探不受地层速度差异的影响，而折射波法和反射波法对于波阻抗差异性较小的分界面反应较弱，不易分辨。但是，瑞雷波法的勘探深度受方法本身的限制，其横向分辨率明显不如前反射波法和折射波法，但是纵向分辨率又高于前两者。

7.4.2　瑞雷面波的数据采集与处理

7.4.2.1　面波数据采集

面波在测线布置、观测系统、数据采集等方面与反射波法类似。但是，由于面波的频率较低，通常使用较低固有频率的检波器（组）来采集地震信号，如本实习中采用 4 Hz 的加速度检波器。

实习中，面波数据采集使用瞬态面波法。瞬态面波法利用瞬态冲击力作震源来激发面波，在离震源稍远处，用检波器记录面波的垂直分量，对所获得的面波记录进行频谱分析和处理，计算并绘制频散曲线，根据频散曲线特征来解决地质问题。

采集面波时，一般采用地震勘探中的共炮点排列。排列一般选择 12 ～ 24 个地震道，记录点设在整个排列的中点位置。此时，获得的频散曲线实际上是整个排列下方一定深度范围内的介质面波速度的综合反映。当勘探深度较小时（小于 50 m），面波法可采用锤击震源（垂向激发）、落重或炸药震源，采集时可进行震源叠加以增加记录信噪比。

图 7－7 为野外常见的面波勘探观测系统，包括震源、多道地震仪、计算机、检波器等设备。在场地条件允许的情况下，应尽量采用多个检波器采集数据。为了保证激振的频率成分能够满足需要勘探的深度范围，要适当地设计偏移距、道间距及仪器的各种采集参数。这些采集参数，应根据野外现场试验工作选择，即在分析干扰波调查剖面的基础上，设计有利于记录面波的采集参数。以下总结了

如何设计瑞雷面波采集的 5 个关键参数。

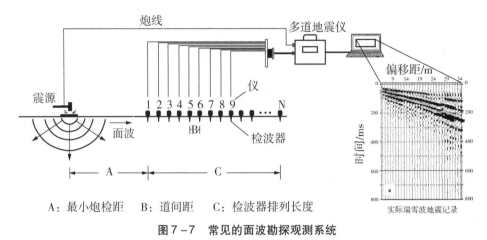

A：最小炮检距　　B：道间距　　C：检波器排列长度

图 7 - 7　常见的面波勘探观测系统

注：修改自夏江海，2015。地震数据来源于 Xia, et al., 2010。

（1）偏移距的选择。采集数据的道间距和道数确定后，选择偏移距实际就是选择面波的最佳接收地段。根据试验剖面，应选取面波和反射波已经分离的接收地段。在基阶、高阶可能分离的情况下，选取基阶面波明显的接收地段。在实际施工中，最小偏移距往往会选择与勘探深度相同，以达到更好的效果。

（2）排列长度的选择。瞬态面波排列的长度主要考虑探测工作要求达到的深度，一般要求排列的长度达到 1/2 波长。探测深度较大时，检波排列与探测深度相当；反之，采用小排列。

（3）道间距的选择。道间距应小于勘探最小波长的 1/2。

（4）检波器的选择。一般土层中传播的面波频率较低，可采用 4 Hz 的低频检波器；在要求精度较高的浅地层探测中，可采用频率为 28 Hz 的检波器。

（5）记录长度的选择。要使所有的面波记录道上有完整的面波波形，即有足够的记录长度。

7.4.2.2　面波数据处理

瞬态面波资料处理的基本步骤为：提取面波→建立频率—波数域振幅谱等值线→提取面波频散数据→计算 1/2 波长并绘制频散曲线→获得地层速度结构。

（1）提取面波。实习采用在时间 - 空间域内的提取方法。基于干扰波与面波的视速度差异，通过窗口交互操作提取面波，消除干扰波。在提取面波频散曲线时，窗口中所有的信号都会被认为是面波进行处理。而在面波时窗中，仍存在与面波重叠在一起的部分干扰波，这些信号会对频散曲线计算有较大的影响。

（2）变换到频率 - 波数域进一步分离面波，计算频散曲线。层状介质中的面波可分为不同视速度和不同能量分布的基阶面波和高阶面波。各阶面波的能量分布与频率相关，在频率 - 波数域中，不同阶的面波能够显示出有差异的能量团。因此，在数据处理过程中，可以将面波从时间 – 空间域变换到频率 – 波数域，按照能量峰值分布来拾取，并换算成频散曲线。

（3）提取面波频散数据。频散曲线反映了面波排列范围内面波相速度随深度的变化特征。因此，分析解释不同类型的频散曲线，可推断其对应的层状介质模型。观察频散曲线，建立初始层状介质模型，进行正演模拟，根据正演模拟获得的预测频散曲线与实测频散曲线的差值进行模型更新，模型更新后重新正演模拟计算频散曲线，直到其与实测的频散曲线间的残差小于容许误差为止。

7.5　浅层地震映像法

7.5.1　地震映像法基本原理

地震映像法是基于反射波法中的最佳偏移距技术发展起来的一种常用浅地层勘探方法。这种方法可以利用多种地震波作为有效波来进行探测，也可以根据探测目的要求仅采用某一种特定的波作为有效波。除常见的折射波、反射波、绕射波外，还可以利用有一定规律的面波、横波和转换波，即同时有多种波能够反映地下地质条件的变化。

在这种方法中，每一测点的地震记录都采用相同的偏移距激发和接收。在该偏移距处接收到的有效波具有较好的信噪比和分辨率，能够反映出地质体沿垂直方向和水平方向的变化。由于每个记录道都采用了相同的偏移距，地震记录上的时间变化主要为地下地质异常体的反应，如果地质条件不变，折射波、反射波和面波等的同相轴在地震时间记录剖面上均为直线，时间剖面波形直观，易于对比分析。

地震映像法数据采集速度较快，但抗干扰能力弱，勘探深度有限。在探测目的较单一、只需研究横向地质情况变化的情况下，地震映像法效果较好，而探测目的层较多时不易确定最佳偏移距。

7.5.2　各种波在地震映像波形图上的反映

7.5.2.1　折射波

地震映像中折射波的传播路径如图 7 – 8 所示。当地下界面水平时，不同激发点的折射波传播路径长度相同。此时，折射波的同相轴表现为水平直线。而当地下界面起伏时，同相轴的时间会随之发生改变。

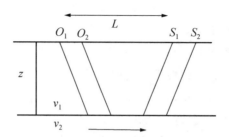

图 7-8 地震映像中折射波的传播路径

在实际工作中，折射波地震映像波形图上的第一个同相轴为折射波。折射波同相轴的变化反映了折射界面深度和界面以上介质速度的变化。当界面水平时，折射波到达时间反映了激发点下界面深度。而界面起伏时，折射波到达时间只能表示折射波传播路径内界面的平均深度。一般情况下，折射波同相轴的变化可以定性地推断界面的起伏，如已知界面倾角、界面速度和上覆介质速度时，可以定量解释出准确的界面深度。

7.5.2.2 反射波

地震映像中反射波的传播路径如图 7-9 所示。当界面水平时，每次激发的反射波传播时间不变，反射点的位置正好在记录点上。当界面深度发生变化时，反射波的传播时间会发生变化，如在断层两侧表现为突变；如果是倾斜界面，反射点的位置会偏离记录点向界面的上倾方向移动。可根据反射波同相轴的变化情况定性推断界面的起伏情况。

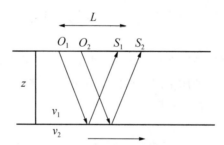

图 7-9 地震映像中反射波的传播路径

第8章　天然地震波观测方法

地震学是研究地震本身，以及地震产生的弹性波如何在地球或其他类地行星内部传播的科学。通过研究地震本身及地震波传播方式来获取地球内部结构，都需要通过记录地球表面的震动来实现，这种方法就是地震波观测方法。地震检波器是探测和记录地球由弹性波引起震动的感应设备，可以布设在地表、钻井或水下。地震检波器还可以用来记录非地震来源的信号，范围从爆炸（核爆炸和化学爆炸），到风或人为活动的局部噪音，到由海底和海岸的海浪（全球微震）不断产生的信号，到与大型冰山和冰川有关的事件。一个完整的记录地震信号的仪器叫作地震仪。地震仪还能记录海洋上空的流星撞击，能量高达 4.2×10^{13} J［相当于 10000 t 三硝基甲苯（trinitrotoluene，TNT）爆炸释放的能量］，以及记录一些工业事故和爆炸（法医学、地震学研究领域）。全球地震监测的另一个主要长期动机是检测和研究核试验。地震仪网络不断记录世界各地的地面运动，以便监测和分析全球地震和其他地震活动来源。观测地震波是研究地球内部的一种高分辨率的非破坏性方法。

8.1　短周期地震野外观测系统

随着科学技术的进步，地震观测设备向小型化、一体化发展。与传统的宽频带地震仪相比，短周期地震仪将检波器、数采、电源等主要部件都集成在一个单元里，使得观测系统的布设更为方便、快捷。但是，短周期地震仪相对于宽频带地震仪的频带宽度，特别是低频部分更窄，这也影响了一些特殊地震信号的观测。短周期地震观测可用于天然源密集台阵远震观测、天然源密集台阵近震观测、人工源宽角反射折射地震观测、人工源超密集台阵地震观测、传统的地震勘探、瑞雷波勘探、土建工程质量检测、微动测量、爆破振动监测等。

8.1.1　短周期地震仪介绍

短周期地震仪（EPS 便携式数字地震仪）是一种宽频带、低价格、微功耗地震仪。无须锁摆，无须调整摆体位置，传递函数十分稳定，体积小，安装使用方便，功耗小于 150 mW 的，其外观及组成如图 8-1 所示。仪器内置配有三分

量地震传感器、高灵敏度的北斗＋GPS模组、电子罗盘、姿态传感器、交互模块以及可充电锂电池，无须任何外部电源即可连续工作数周。它可以实现定时开机采集、采集结束定时关机，也可连续采集；采用多种交互工作方式，数据自动本地存储；具有北斗＋GPS授时、地理位置定位等特点。适合进行无人值守的长时间定时检测和野外宽频带地震观测、天然微动面波探查。其高频达到200 Hz以上，可以满足人工地震测深以及瞬态面波勘探的需求。

8.1.2　短周期地震台站布设[①]

8.1.2.1　工作环境

EPS便携式数字地震仪主机采用全密封设计，能够很好地防水与防尘。但它在使用时要求仪器本身处于相对水平的状态，并且只有在接收到较好的北斗和GPS信号、通过精确的北斗＋GPS授时以后仪器才会正常工作。因此，当您使用EPS时，请根据仪器的工作环境，确保仪器的水平状态、较好的北斗和GPS信号接收。通常在需要掩埋和在沼泽浅水中工作时，或在北斗和GPS信号不太好的地方工作时，请使用外置GPS以确保仪器能正常工作。短周期地震仪基本组成部分如图8-1所示。

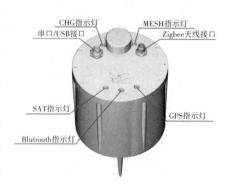

图8-1　短周期地震仪基本组成

8.1.2.2　参数设置

EPS在使用前请根据用户的实际使用情况设置仪器的工作模式与参数，仪器出厂时设置了相关参数文件，设置的参数包括采样率、单个文件记录长度、开始记录时间、GPS操作模式等。

8.1.2.3　工作模式

EPS的工作模式分为免交互模式与交互模式两种。

（1）免交互模式。EPS便携式数字地震仪出厂设置为免交互模式。在免交互的工作模式下，请通过仪器上盖面板上的状态指示灯了解仪器的实时状态。当仪器工作结束后，请及时取出仪器的存储卡并插入电脑导出采集数据。

（2）交互模式。EPS仪器可以提供串口、蓝牙等几种交互模式。用户在使用EPS时，根据自己需要，可以选择相应的交互模式。用户在选择交互模式工作时，请注意准备好相关的配件。交互工作模式下，用户可以通过交互软件实时

① 参见EPS-2-M6Q便携式数字地震仪用户指南，重庆地质仪器厂，2016年11月。

监控仪器工作状态与操作仪器工作。

8.1.2.4 罗盘的标定

EPS 在使用前要先标定仪器的罗盘，配套的磁罗盘标定仪需要在串口模式下打开仪器和交互软件。点击交互软件"测试"状态栏下的"标定磁罗盘"选项。接通磁罗盘标定仪电源，让它开始工作，将仪器放在标定仪上。等交互软件界面弹出"标定完成"即可。

8.1.2.5 数据的提取

EPS 便携式数字地震仪的数据提取可以采用直接取出存储卡和通过 USB 线读取两种方式，用户在使用过程中可以根据自身的使用情况选择相应的提取方式。

8.1.2.6 简单故障处理

简单故障处理情况如表 8-1 所示。

表 8-1 简单故障处理情况

序号	指示灯名称	指示灯状态	状态说明	处理办法	备注
1	CHG	●	仪器处于充电状态或升级状态	—	
2		●	仪器充电完成	—	
3	MESH	●	仪器存储故障或电源欠压	查看 TF 卡是否插入，检测仪器电压	
4		✹	仪器处于 Zigbee 交互工作状态	—	
5	SAT	●	存储卡容量剩余空间不足 20 MB	更换存储卡	
6		✹	存储卡开始写入数据		
7		✹	仪器姿态超出设定工作倾角范围	调平仪器，使其处于水平状态	
8		●	仪器北斗＋GPS 未能锁定、数据采集未能启动	重启仪器，校对北斗＋GPS，检查仪器配置文件是否设置正确	
9	Bluetooth	●	Bluetooth 已打开并处于连机状态	—	
10		✹	Bluetooth 已打开，但未连接控制端	检查操作终端是否已设置为 Bluetooth 格式并开启该控制程序	

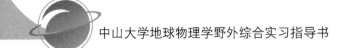

续上表

序号	指示灯名称	指示灯状态	状态说明	处理办法	备注
11	GPS	⬤	北斗 + GPS 已打开，未锁定	等待仪器 GPS 锁定	
12		✺	北斗 + GPS 已打开并锁定	—	
13		●	北斗 + GPS 故障	重启仪器，将仪器至于空旷宽敞处，便于北斗 + GPS 校对	

注：●为指示灯红色常亮；⬤为指示灯绿色常亮；✺为指示灯呈红绿色交替闪烁；✸为指示灯呈红色闪烁；✺为指示灯呈红色快速闪烁。

8.2 短周期地震数据处理与解释

8.2.1 短周期地震数据预处理

设备提供有 SAC、PSD、Segy、MiniSeed 等数据格式的转换软件。Segy、MiniSeed 格式转换软件可任意运行在 32 位或 64 位的电脑；SAC 和 PSD 的转换软件需电脑安装"MCR_R2012a_win32/64_installer"数据库后才能正常运行。对于天然地震的观测数据格式要求是 SAC 格式，因此需要进行 SAC 格式的转换。

（1）Miniseed 转 ASCII 格式。通过 MSeedTran 软件打开 ASCII 格式转换软件，单击"选择文件"，选择需转换的数据，勾选"插入钟差"，点击"文件校验"后等待校验完成，然后再单击"开始转换"，转换进度可在进度条查看。

（2）ASCII 转 SAC 格式。通过 Tosac 软件打开 SAC 格式转换软件，单击"选择文件"，选择需转换的数据，然后再单击"开始转换"，转换进度可在进度条查看。

8.2.2 地震震相介绍

地震断层破裂引发的 P 波和 S 波的振动会向四周传播，由于地球分层结构的存在，地震波在传播过程中会出现反射、透射、P – S 波的转换等，导致在观测地震图上不同时刻会看到不同地震波的振动，这些代表不同地震波传播的信号称为震相。不同震相在速度、到时、振幅、周期、初动方向、质点运动方式、波数、频散等方面具有不同的特征，这些特征与震源性质、传播路径、记录仪器的特征、记录场地的环境噪声等因素有关。因此，对于观测到的地震波资料进行解释是地震学专业人员应具备的基本素养。地震图解释的主要任务是分析和解释每个地震波所对应的震相，为研究地球内部结构及震源模型等提供科学数据。

8.2.2.1 地震传播路径及震相命名

地震波在地球内部传播时，可以通过多种途径、通过反射、折射、转换等方式传播到地震台站，基于此，我们对沿不同路径传播的不同地震波进行了命名。如图 8 - 2 所示为典型远震地震波在地球内部传播路径。相比于远震，近震和地方震地震波震相更为复杂。图 8 - 3 为由莫霍面和康拉德引起的地方震的震相传播路径。

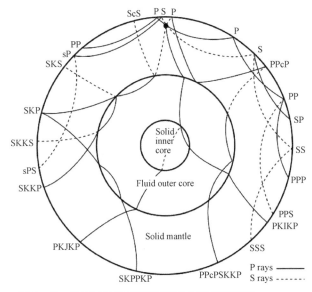

图 8 - 2　典型远震地震波在地球内部传播路径

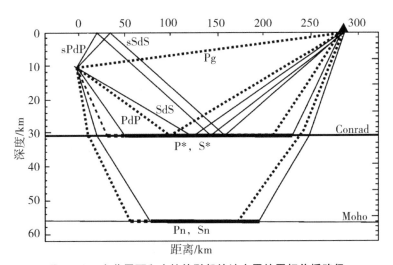

图 8 - 3　由莫霍面和康拉德引起的地方震的震相传播路径

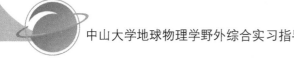

目前，国际上对震相最基本的命名规则是：地壳、地幔中的纵波用 P 表示，外核中的纵波用 K 表示，内核中的纵波用 I 表示，地壳、地幔中的横波用 S 表示，内核中的横波用 J 表示，内核的反射波用 i 表示。向上传播的震相用小写字母表示，向下传播的震相用大写字母表示，外核的反射用 c 表示，细节可以参考图 8-2 根据路径查看震相名称。

8.2.2.2　构造地震记录特征

由于震源性质、传播路径、记录仪器、观测场地等差别，造成每个地震波记录在细节上都具有各自不同的特征，但是一些共有的特征能够帮助我们有效识别数据中的地震和干扰。根据经验统计，地震观测记录中，90% 左右的天然地震是构造地震。因此，以下重点描述构造地震的记录特征。

（1）速度特征。地震波记录中纵波、横波和面波是三类最重要的波形。对于地方震（震中距在 100 km 以内的地震）通常只记录到纵波和横波；对于浅源和中深源地震，当震中距足够大时能记录到纵波、横波和面波。对于深源地震，一般只记录到纵波和横波，面波不发育。纵波传播速度大于横波传播速度，横波传播速度略大于面波传播速度。

（2）振幅特征。在 ZNE 三分量地震图上，不同波振幅特征不同，总体上纵波幅度小于横波幅度，横波幅度小于面波幅度。由于偏振方式不同，不同分量上记录到的地震波幅度也存在差别，纵波在垂直向的振幅强于水平向的振幅，横波在水平向的振幅强于垂直向的振幅。震中距越大，这一特征越明显。当震中距足够大时，横波在垂直方向几乎没有能量。

通常，由地表引起的反射波的振幅大于原生波的振幅，如 PP 波振幅大于 P 波振幅。纵波转换的横波比原生的横波振幅弱，横波转换的纵波比原生纵波振幅强。转换波能量分配与最终波的偏振方向有关，如 PcS 最终波的偏振方向是横波，因此其振幅在水平向记录中强，而 ScP 最终波的偏振方向是纵波，其振幅在垂向记录中强。

（3）周期特征。由于震源、偏振方向、地震强度和传播路径的影响，不同地震波在地震图上的周期具有不同特征。同等条件下，纵波周期小于横波周期，横波周期小于面波周期。随着震中距的增大，波的周期会增大。震级增强，波的周期会变小。转换波的周期通常与原生波的周期相当，如 PS 波的周期与 P 波相当，SP 波的周期与 S 波相当。

（4）能量特征。在地震记录图上，地震能量主要由两个方面反映：一个是记录的幅度，另一个是记录的持续时间。震级越大，振幅越大，当震级大到一定程度，会导致地震波记录中出现限幅情况。当震中距小于 200 km 时，振动持续时间主要受震级控制，震级越大持续时间越长。

瑞利面波在垂直分量及靠近震中的水平分量能量较大；勒夫面波在水平分量能量较大，在垂直分量无能量分配。纵波在垂直分量及靠近震中方位的水平分量能量较强；横波在水平分量能量强，且在垂直于震中方向的水平分量能量会更强，该现象随着震中距的增大趋势会更加明显。

（5）振动持续时间特征。地震波在记录图中的持续时间除上面提到的与地震能量有关之外，还与震中距有很大关系，如地方震的振动持续时间仅 1 min 左右，而远震的振动持续时间达到几十分钟，更有极远震的振动持续时间达到数小时。

8.2.2.3　近震记录特征

一般情况，将震中距在 10° 之内的地震称为近震，但实际中由于地壳厚度、震源深度等情况不同，导致近震地震波的传播范围有所不同，如在青藏高原，首波出现在 120 km 以后；而在华北地区，首波出现在 80 km 以后。

对于震中距小于 40 km 的地震波形记录，其上面一般只有直达纵波和直达横波，对应的震相表示为 Pg 和 Sg；由于震中距很小，波的周期也很小，通常 Pg 波周期为 0.05 ～ 0.2 s，Sg 波的周期为 0.1 ～ 0.5 s。

在震中距 40 ～ 140 km，通常记录的主要震相为 Pn、Pb、Pg、PmP、Sn、Sb、SmS（有时候不同研究者的命名方式可能略有差别），基本没有面波出现。体波周期也较为偏小，通常在 1 s 之内。全反射是这一范围内记录的典型特征，即 PmP 的振幅较 Pg 的振幅大很多，SmS 的振幅较 Sg 的振幅大很多。

在震中距 140 ～ 500 km，射线以临界角入射到莫霍面，会产生首波（Pn、Sn），在震中距 170 km 左右 Pn 波和 Pg 波几乎同时到达接收点（参考 IASP91 模型估算），此后 Pn 波在 Pg 波之前到达接收点。Pn 波作为第一个震相到达接收点的距离与地壳厚度、震源深度等因素直接相关，不同区域会存在显著差别。如在地壳较厚的青藏高原地区，Pn 波和 Pg 波几乎同时到达接收点的震中距会在 200 km 震中距以后，如图 8-4 所示为青藏高原东北缘固定台站所观测到的近震地震波形（焦煜媛等，2017），图中标示出了典型震相的到时。

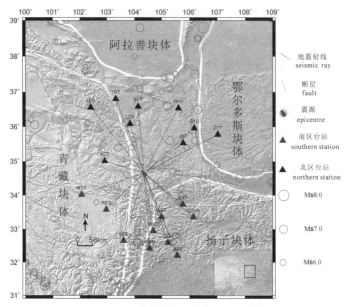

（a）地震台站分布

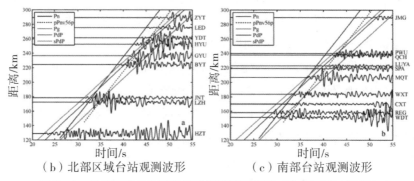

（b）北部区域台站观测波形　　　　（c）南部台站观测波形

图 8-4　甘肃固定台站及记录的近震地震波形（焦煜媛等，2016）

　　500～1000 km 震中距之间有两种情况，一种是地震射线的主题仍然在地壳内部传播，出现的地震波为 Pn 波、Pb 波、Pg 波、PmP 波、Sn 波、Sb 波、Sg 波、SmS 波等，波的周期比小震中距的增大，此外，还会出现面波；另一种情况是地震射线的主体在地幔内传播，这时记录到的主体地震波为 P 波、S 波、Lg1 波、Lg2 波等，如果 P 波、S 波射线穿过上地幔低速层，根据 Snell 定律，地震波射线偏向法线方向，无法出射地表，使得 P 波、S 波进入"影区"，即在地震仪上某一个震中距区间记录到的 P 波、S 波信号变弱，该区间称为地震"影区"。"影区"的范围与低速层埋深、厚度、震源深度等因素相关。通过分析影区，可以对地壳内部的低速层进行研究。如图 8-5 所示为焦煜媛等（2016）利用西藏固定地震台网研究青藏高原下方上地幔顶部低速层的实例。基于幅度分析，发现在震中距 8°～19°之间，初值 P 波幅度减小（图 8-5c），符合地震"影区"的特征。结合前人在该区域的深部结构研究成果和正演尝试，构建了如图 8−6 所示的模型，通过理论地震图的对比分析（图 8−7），发现在 78 km 深度附近青藏高原东部存在低速层。

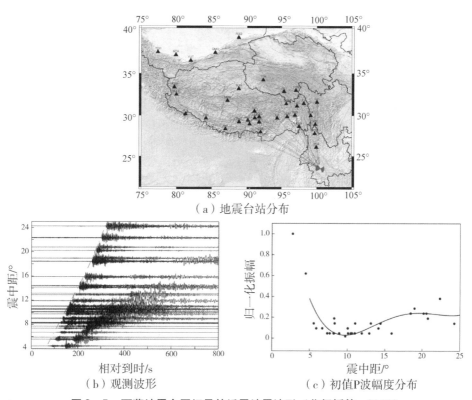

（a）地震台站分布

（b）观测波形

（c）初值P波幅度分布

图 8−5　西藏地震台网记录的近震地震波形（焦煜媛等，2016）

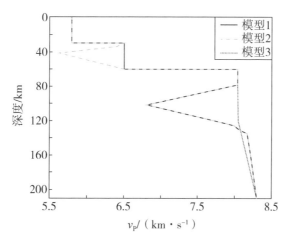

图 8−6　解释图 8−5 观测资料构建的 3 种模型

（焦煜媛等，2016）

8.2.2.4 远震、极远震记录特征

随着震中距增大，地震射线传播路径增长、穿透深度更深，经过各个界面的发射、透射及转换后，会形成许多新的震相，所以远震一般具有振动持续时间长、周期大、震相种类多等特点，浅源远震的勒夫波、瑞利波两种面波比较突出，深源地震没有面波。

对于震中距 10°～16°，P 波、S 波为主要震相。由于低速层的存在，在这个震中距范围内 P 波、S 波处在"影区"，P 波、S 波均不发育，特别是 S 波，由于对低速层更为敏感，尤其不发育，几乎分辨不出。图 8-6 解释图 8-5 观测资料构建的 3 种模型。图 8-7 为 3 种模型的垂向分量理论地震图。

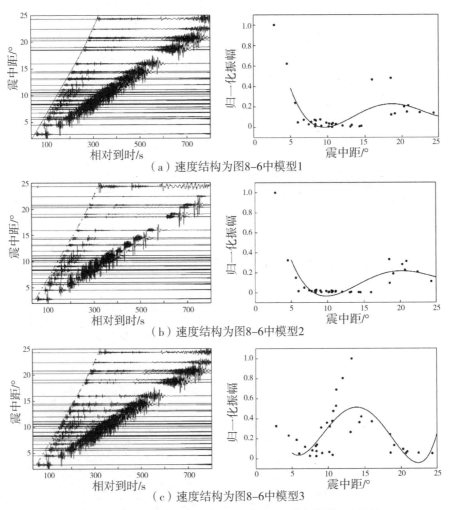

（a）速度结构为图8-6中模型1

（b）速度结构为图8-6中模型2

（c）速度结构为图8-6中模型3

图 8-7 3 种模型的垂向分量理论地震图（焦煜媛等，2016）

对于 16°～30°震中距范围，出现的地震波主要为地幔折射波、地表反射波、勒夫波、瑞利波。波的到达顺序为 P 波、PP 波、PS 波、S 波、SS 波、LQ 波、

LR 波等。由于 P 波、S 波在上地幔内传播时会遇到上地幔高速层（如 660 间断面附近），穿过高速层的地震射线曲率增加，会导致一个震相出现多个分支，这一现象称为三重值（triplication），通过研究三重值现象中不同分支的走势特征，可以对深部的高速层性质进行研究。图 8-8 展示了基于地震波三重值观测进行地球深部结构研究的实例（崔辉辉等，2016）。

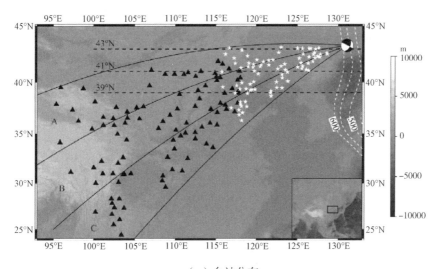

（a）台站分布

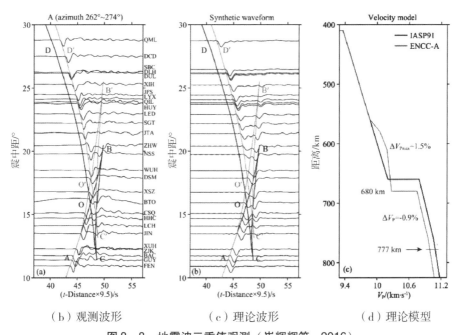

（b）观测波形　　　　　（c）理论波形　　　　　（d）理论模型

图 8-8　地震波三重值观测（崔辉辉等，2016）

对于震中距在 30°～105°震中距，初值震相仍为 P，主要震相有 P 波、S 波、

PP 波、PPP 波、PS 波、SS 波、SSS 波、PcP 波、ScS 波、PcS 波、PcPPcP 波、LQ 波、LR 波等。由于地震波速在地幔中总体随着深度增加而增大，从而会导致波到达顺序的交替，例如 PcS 波与 S 波、SKS 波与 S 波等都会交替出现。总体上讲，该震中距范围内震相相对比较简单，因此这一震中距窗口也是研究地球深部结构最重要和最常用的一个窗口。如图 8-9 所示为布设在青藏高原东北缘的宽频带流动台阵观测到的一个远震波形的剖面（刘旭宙等，2014），图中可以清晰地看到较多常规震相。

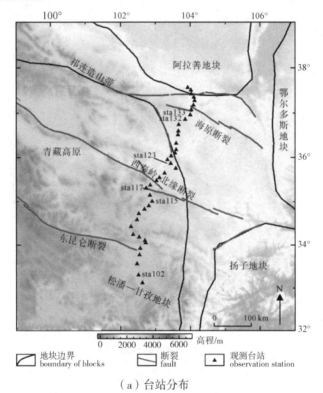

（a）台站分布

（b）观测波形

图 8-9　青藏高原东北缘宽频带流动台阵远震波形（刘旭宙等，2014）

参 考 文 献

［1］ELAWADI E, MOGREN S, IBRAHIME, et al. Utilizing potential field data to support delineation of groundwater aquifers in the southern Red Sea coast, Saudi Arabia ［J］. Journal of geophysics and engineering, 2012, 9, 327 – 335.

［2］NYAKUNDI E R, GITHIRI J G, AMBUSSO W J. Geophysical investigation of geothermal potential of the gilgil area nakuru county, Kenya using gravity ［J］. Journal of geology & geophysics, 2017, 6: 278. doi: 10. 4172/2381 – 8719.1000278.

［3］XIA J, XU Y, MILLER R D, et al. A trade-off solution between model resolution and covariance in surface-wave inversion ［J］. Pure and applied geophysics, 2010, 167（12）, 1537 – 1547.

［4］崔辉辉, 周元泽, 石耀霖, 等. 华北克拉通东部滞留板块下方低速异常的地震三重震相探测 ［J］. 地球物理学报, 2016, 59（004）: 1309 – 1320.

［5］焦煜媛, 沈旭章, 马克博, 等. 利用 p 波 "影区" 特征探测青藏高原东部岩石层内低速层 ［J］. 地震学报, 2016,（6）: 824 – 834.

［6］焦煜媛, 沈旭章, 李秋生. 青藏高原东北缘康拉德界面存在的地震学证据及构造意义初探 ［J］. 地球学报, 2017, 038（4）: 469 – 478.

［7］雷宛, 肖宏跃, 邓一谦. 工程与环境物探教程 ［M］. 北京: 地质出版社, 2006.

［8］林宗元. 岩土工程试验监测手册 ［M］. 北京: 中国建筑工业出版社, 2005.

［9］刘瑞军. 磁法勘探在虎门隧道水下障碍物探测中的应用 ［J］. 铁道勘察, 2017, 5: 70 – 73.

［10］刘旭宙, 沈旭章, 李秋生, 等. 青藏高原东北缘宽频带地震台阵远震记录波形及背景噪声分析 ［J］. 地球学报, 2014, 35（6）, 759 – 768.

［11］孟令顺, 杜晓娟, 傅维洲. 勘探地球物理教程 ［M］. 北京: 地质出版社, 2012.

［12］夏江海. 高频面波方法 ［M］. 武汉: 中国地质大学出版社, 2015.

［13］王传雷. 地球物理学北戴河教学实习指导书 ［M］. 武汉: 中国地质大学出版社, 2012.

［14］曾昭发, 刘四新. 工程与环境地球物理 ［M］. 北京: 地质出版社, 2009.

［15］张莹，张文波. 电法勘探实验指导书（上）［M］. 武汉：中国地质大学出版社，2019.

［16］中华人民共和国地质矿产部. 地面磁勘查技术规程（DZ/T 0144 - 94）［S］. 中华人民共和国地质矿产行业标准，1995.

［17］中华人民共和国地质矿产部. 地面高精度磁测技术规程（DZ/T 0071 - 93）［S］. 中华人民共和国地质矿产行业标准，1993.

［18］中华人民共和国地质矿产部. 地球物理勘查图图式图例及用色标准（DZ/T 0069 - 93）［S］. 中国地质调查局标准，1993.

附录　扇形域重力地形改正表

（20～700 m）（王传雷，2012）

20～50 m （$n=8$，$\sigma=2.0$，Δh 单位：m，重力改正值单位：μGal）

Δh	0	1	2	3	4	5	6	7	8	9
0	0.0	0.0	0.0	0.0	0.0	0.0	0.1	0.1	0.1	0.1
1	0.2	0.2	0.2	0.3	0.3	0.4	0.4	0.5	0.5	0.6
2	0.6	0.7	0.8	0.8	0.9	1.0	1.1	1.1	1.2	1.3
3	1.4	1.5	1.6	1.7	1.8	1.9	2.0	2.1	2.2	2.4
4	2.5	2.6	2.7	2.9	3.0	3.1	3.3	3.4	3.5	3.7
5	3.8	4.0	4.1	4.3	4.5	4.6	4.8	5.0	5.1	5.3
6	5.5	5.6	5.8	6.0	6.2	6.4	6.6	6.8	7.0	7.2
7	7.4	7.6	7.8	8.0	8.2	8.4	8.6	8.8	9.0	9.3
8	9.5	9.7	9.9	10.2	10.4	10.6	10.9	11.1	11.3	11.6
9	11.8	12.1	12.3	12.6	12.8	13.1	13.3	13.6	13.8	14.1
10	14.4	17.1	19.9	23.0	26.1	29.3	32.6	36.0	39.5	42.9
20	46.4	50.0	53.5	57.0	60.6	64.1	67.5	71.0	74.4	77.8
30	81.2	84.5	87.7	90.9	94.1	97.2	100.3	103.3	106.2	109.2
40	112.0	114.8	117.5	120.2	122.9	125.5	128.0	130.5	132.9	135.3
50	137.7	140.0	142.2	144.4	146.6	148.7	150.8	152.8	154.8	156.7
60	158.7	160.5	162.4	164.2	165.9	167.6	169.3	171.0	172.6	174.2
70	175.8	177.3	178.8	180.3	181.7	183.2	184.6	185.9	187.3	188.6
80	189.9	191.1	192.4	193.6	194.8	196.0	197.1	198.3	199.4	200.5
90	201.6	202.6	203.7	204.7	205.7	206.7	207.7	208.6	209.6	210.5

50～100 m（$n = 8$，$\sigma = 2.0$，Δh 单位：m，重力改正值单位：μGal）

Δh	0	1	2	3	4	5	6	7	8	9
0	0.0	0.0	0.0	0.0	0.0	0.0	0.0	0.0	0.0	0.0
1	0.1	0.1	0.1	0.1	0.1	0.1	0.1	0.2	0.2	0.2
2	0.2	0.2	0.3	0.3	0.3	0.3	0.4	0.4	0.4	0.4
3	0.5	0.5	0.5	0.6	0.6	0.6	0.7	0.7	0.8	0.8
4	0.8	0.9	0.9	1.0	1.0	1.1	1.1	1.2	1.2	1.3
5	1.3	1.4	1.4	1.5	1.5	1.6	1.6	1.7	1.8	1.8
6	1.9	1.9	2.0	2.1	2.1	2.2	2.3	2.3	2.4	2.5
7	2.5	2.6	2.7	2.8	2.8	2.9	3.0	3.1	3.2	3.2
8	3.3	3.4	3.5	3.6	3.7	3.7	3.8	3.9	4.0	4.1
9	4.2	4.3	4.4	4.5	4.6	4.7	4.8	4.8	4.9	5.0
10	5.1	6.2	7.4	8.6	9.9	11.3	12.8	14.4	16.1	17.8
20	19.6	21.5	23.4	25.4	27.5	29.6	31.8	34.0	36.3	38.6
30	40.9	43.3	45.8	48.2	50.7	53.3	55.8	58.4	61.0	63.7
40	66.3	69.0	71.6	74.3	77.0	79.7	82.4	85.2	87.9	90.6
50	93.3	96.0	98.8	101.5	104.2	106.9	109.6	112.3	115.0	117.7
60	120.3	123.0	125.6	128.2	130.9	133.5	136.0	138.6	141.2	143.7
70	146.2	148.7	151.2	153.7	156.2	158.6	161.0	163.4	165.8	168.2
80	170.5	172.9	175.2	177.5	179.7	182.0	184.2	186.5	188.7	190.8
90	193.0	195.1	197.3	199.4	201.4	203.5	205.5	207.6	209.6	211.6
100	213.5	215.5	217.4	219.4	221.3	223.1	225.0	226.8	228.7	230.5
110	232.3	234.1	235.8	237.6	239.3	241.0	242.7	244.4	246.0	247.7
120	249.3	250.9	252.5	254.1	255.7	257.2	258.8	260.3	261.8	263.3
130	264.8	266.2	267.7	269.1	270.6	272.0	273.4	274.8	276.1	277.5
140	278.8	280.2	281.5	282.8	284.1	285.4	286.7	287.9	289.2	290.4
150	291.6	292.9	294.1	295.3	296.4	297.6	298.8	299.9	301.1	302.2
160	303.3	304.4	305.5	306.6	307.7	308.8	309.8	310.9	311.9	313.0
170	314.0	315.0	316.0	317.0	318.0	319.0	320.0	320.9	321.9	322.8
180	323.8	324.7	325.6	326.5	327.5	328.4	329.3	330.1	331.0	331.9
190	332.8	333.6	334.5	335.3	336.1	337.0	337.8	338.6	339.4	340.2

100～200 m（$n=8$，$\sigma=2.0$，Δh 单位：m，重力改正值单位：μGal）

Δh	0	1	2	3	4	5	6	7	8	9
0	0.0	0.0	0.0	0.0	0.0	0.0	0.0	0.0	0.0	0.0
1	0.0	0.0	0.0	0.0	0.1	0.1	0.1	0.1	0.1	0.1
2	0.1	0.1	0.1	0.1	0.2	0.2	0.2	0.2	0.2	0.2
3	0.2	0.3	0.3	0.3	0.3	0.3	0.3	0.4	0.4	0.4
4	0.4	0.4	0.5	0.5	0.5	0.5	0.6	0.6	0.6	0.6
5	0.7	0.7	0.7	0.7	0.8	0.8	0.8	0.8	0.9	0.9
6	0.9	1.0	1.0	1.0	1.1	1.1	1.1	1.2	1.2	1.2
7	1.3	1.3	1.4	1.4	1.4	1.5	1.5	1.5	1.6	1.6
8	1.7	1.7	1.8	1.8	1.8	1.9	1.9	2.0	2.0	2.1
9	2.1	2.2	2.2	2.3	2.3	2.4	2.4	2.5	2.5	2.6
10	2.6	3.2	3.7	4.4	5.1	5.8	6.6	7.5	8.4	9.3
20	10.3	11.3	12.4	13.5	14.7	15.9	17.2	18.5	19.9	21.3
30	22.7	24.2	25.7	27.2	28.8	30.5	32.1	33.9	35.6	37.4
40	39.2	41.1	43.0	44.9	46.8	48.8	50.8	52.9	54.9	57.0
50	59.2	61.3	63.5	65.7	68.0	70.2	72.5	74.8	77.1	79.5
60	81.9	84.2	86.7	89.1	91.5	94.0	96.5	99.0	101.5	104.0
70	106.5	109.1	111.7	114.2	116.8	119.4	122.1	124.7	127.3	129.9
80	132.6	135.3	137.9	140.6	143.3	146.0	148.6	151.3	154.0	156.7
90	159.5	162.2	164.9	167.6	170.3	173.0	175.8	178.5	181.2	183.9
100	186.6	189.4	192.1	194.8	197.5	200.3	203.0	205.7	208.4	211.1
110	213.8	216.5	219.2	221.9	224.6	227.3	230.0	232.6	235.3	238.0
120	240.6	243.3	245.9	248.6	251.2	253.8	256.5	259.1	261.7	264.3
130	266.9	269.5	272.1	274.7	277.2	279.8	282.3	284.9	287.4	290.0
140	292.5	295.0	297.5	300.0	302.5	305.0	307.4	309.9	312.3	314.8
150	317.2	319.7	322.1	324.5	326.9	329.3	331.7	334.0	336.4	338.7
160	341.1	343.4	345.7	348.1	350.4	352.7	355.0	357.2	359.5	361.8
170	364.0	366.2	368.5	370.7	372.9	375.1	377.3	379.5	381.7	383.8
180	386.0	388.1	390.3	392.4	394.5	396.6	398.7	400.8	402.9	404.9
190	407.0	409.1	411.1	413.1	415.2	417.2	419.2	421.2	423.2	425.1
200	427.1	429.1	431.0	432.9	434.9	436.8	438.7	440.6	442.5	444.4

续上表

Δh	0	1	2	3	4	5	6	7	8	9
210	446.3	448.1	450.0	451.8	453.7	455.5	457.3	459.2	461.0	462.8
220	464.6	466.3	468.1	469.9	471.6	473.4	475.1	476.8	478.6	480.3
230	482.0	483.7	485.4	487.1	488.7	490.4	492.1	493.7	495.4	497.0
240	498.6	500.2	501.8	503.4	505.0	506.6	508.2	509.8	511.3	512.9
250	514.5	516.0	517.5	519.1	520.6	522.1	523.6	525.1	526.6	528.1
260	529.6	531.0	532.5	533.9	535.4	536.8	538.3	539.7	541.1	542.5
270	544.0	545.4	546.8	548.1	549.5	550.9	552.3	553.6	555.0	556.3
280	557.7	559.0	560.4	561.7	563.0	564.3	565.6	566.9	568.2	569.5
290	570.8	572.1	573.3	574.6	575.9	577.1	578.4	579.6	580.8	582.1
300	583.3	584.5	585.7	586.9	588.1	589.3	590.5	591.7	592.9	594.1

$200 \sim 300$ m（$n=16$，$\sigma=2.0$，Δh 单位：m，重力改正值单位：μGal）

Δh	0	1	2	3	4	5	6	7	8	9
0	0.0	0.0	0.0	0.0	0.0	0.0	0.0	0.0	0.0	0.0
1	0.0	0.0	0.0	0.0	0.0	0.0	0.0	0.0	0.0	0.0
2	0.0	0.0	0.0	0.0	0.0	0.0	0.0	0.0	0.0	0.0
3	0.0	0.0	0.0	0.0	0.1	0.1	0.1	0.1	0.1	0.1
4	0.1	0.1	0.1	0.1	0.1	0.1	0.1	0.1	0.1	0.1
5	0.1	0.1	0.1	0.1	0.1	0.1	0.1	0.1	0.1	0.2
6	0.2	0.2	0.2	0.2	0.2	0.2	0.2	0.2	0.2	0.2
7	0.2	0.2	0.2	0.2	0.2	0.2	0.3	0.3	0.3	0.3
8	0.3	0.3	0.3	0.3	0.3	0.3	0.3	0.3	0.3	0.3
9	0.4	0.4	0.4	0.4	0.4	0.4	0.4	0.4	0.4	0.4
10	0.4	0.5	0.6	0.7	0.9	1.0	1.1	1.3	1.4	1.6
20	1.7	1.9	2.1	2.3	2.5	2.7	2.9	3.2	3.4	3.6
30	3.9	4.1	4.4	4.7	5.0	5.3	5.6	5.9	6.2	6.5
40	6.8	7.2	7.5	7.9	8.2	8.6	9.0	9.4	9.8	10.2
50	10.6	11.0	11.4	11.8	12.3	12.7	13.1	13.6	14.1	14.5
60	15.0	15.5	16.0	16.5	17.0	17.5	18.0	18.5	19.0	19.6
70	20.1	20.6	21.2	21.8	22.3	22.9	23.4	24.0	24.6	25.2
80	25.8	26.4	27.0	27.6	28.2	28.8	29.5	30.1	30.7	31.4
90	32.0	32.6	33.3	34.0	34.6	35.3	35.9	36.6	37.3	38.0

续上表

Δh	0	1	2	3	4	5	6	7	8	9
100	38.7	39.3	40.0	40.7	41.4	42.1	42.8	43.5	44.3	45.0
110	45.7	46.4	47.1	47.9	48.6	49.3	50.1	50.8	51.6	52.3
120	53.1	53.8	54.6	55.3	56.1	56.8	57.6	58.4	59.1	59.9
130	60.7	61.4	62.2	63.0	63.8	64.6	65.3	66.1	66.9	67.7
140	68.5	69.3	70.1	70.9	71.6	72.4	73.2	74.0	74.8	75.6
150	76.4	77.2	78.0	78.8	79.6	80.4	81.2	82.1	82.9	83.7
160	84.5	85.3	86.1	86.9	87.7	88.5	89.3	90.1	90.9	91.8
170	92.6	93.4	94.2	95.0	95.8	96.6	97.4	98.2	99.0	99.9
180	100.7	101.5	102.3	103.1	103.9	104.7	105.5	106.3	107.1	107.9
190	108.7	109.5	110.3	111.1	112.0	112.8	113.6	114.4	115.2	116.0
200	116.8	117.6	118.4	119.1	119.9	120.7	121.5	122.3	123.1	123.9
210	124.7	125.5	126.3	127.1	127.8	128.6	129.4	130.2	131.0	131.8
220	132.5	133.3	134.1	134.9	135.6	136.4	137.2	138.0	138.7	139.5
230	140.3	141.0	141.8	142.5	143.3	144.1	144.8	145.6	146.3	147.1
240	147.8	148.6	149.3	150.1	150.8	151.6	152.3	153.1	153.8	154.6
250	155.3	156.0	156.8	157.5	158.2	159.0	159.7	160.4	161.1	161.9
260	162.6	163.3	164.0	164.7	165.5	166.2	166.9	167.6	168.3	169.0
270	169.7	170.4	171.1	171.8	172.5	173.2	173.9	174.6	175.3	176.0
280	176.7	177.4	178.1	178.7	179.4	180.1	180.8	181.5	182.1	182.8
290	183.5	184.2	184.8	185.5	186.2	186.8	187.5	188.1	188.8	189.5
300	190.1	190.8	191.4	192.1	192.7	193.4	194.0	194.7	195.3	195.9
310	196.6	197.2	197.8	198.5	199.1	199.7	200.4	201.0	201.6	202.2
320	202.9	203.5	204.1	204.7	205.3	205.9	206.6	207.2	207.8	208.4
330	209.0	209.6	210.2	210.8	211.4	212.0	212.6	213.2	213.8	214.4
340	214.9	215.5	216.1	216.7	217.3	217.9	218.4	219.0	219.6	220.2
350	220.7	221.3	221.9	222.4	223.0	223.6	224.1	224.7	225.2	225.8
360	226.4	226.9	227.5	228.0	228.6	229.1	229.7	230.2	230.8	231.3
370	231.8	232.4	232.9	233.4	234.0	234.5	235.0	235.6	236.1	236.6
380	237.1	237.7	238.2	238.7	239.2	239.8	240.3	240.8	241.3	241.8
390	242.3	242.8	243.3	243.8	244.3	244.8	245.3	245.8	246.3	246.8
400	247.3	247.8	248.3	248.8	249.3	249.8	250.3	250.8	251.2	251.7

300～500 m（$n = 16$，$\sigma = 2.0$，Δh 单位：m，重力改正值单位：μGal）

Δh	0	1	2	3	4	5	6	7	8	9
0	0.0	0.0	0.0	0.0	0.0	0.0	0.0	0.0	0.0	0.0
1	0.0	0.0	0.0	0.0	0.0	0.0	0.0	0.0	0.0	0.0
2	0.0	0.0	0.0	0.0	0.0	0.0	0.0	0.0	0.0	0.0
3	0.0	0.0	0.0	0.0	0.0	0.0	0.0	0.0	0.1	0.1
4	0.1	0.1	0.1	0.1	0.1	0.1	0.1	0.1	0.1	0.1
5	0.1	0.1	0.1	0.1	0.1	0.1	0.1	0.1	0.1	0.1
6	0.1	0.1	0.1	0.1	0.1	0.1	0.2	0.2	0.2	0.2
7	0.2	0.2	0.2	0.2	0.2	0.2	0.2	0.2	0.2	0.2
8	0.2	0.2	0.2	0.2	0.2	0.3	0.3	0.3	0.3	0.3
9	0.3	0.3	0.3	0.3	0.3	0.3	0.3	0.3	0.3	0.3
10	0.3	0.4	0.5	0.6	0.7	0.8	0.9	1.0	1.1	1.3
20	1.4	1.5	1.7	1.8	2.0	2.2	2.4	2.5	2.7	2.9
30	3.1	3.3	3.6	3.8	4.0	4.2	4.5	4.7	5.0	5.3
40	5.5	5.8	6.1	6.4	6.7	7.0	7.3	7.6	7.9	8.3
50	8.6	9.0	9.3	9.7	10.0	10.4	10.8	11.2	11.5	11.9
60	12.3	12.7	13.2	13.6	14.0	14.4	14.9	15.3	15.8	16.2
70	16.7	17.1	17.6	18.1	18.6	19.1	19.6	20.1	20.6	21.1
80	21.6	22.1	22.7	23.2	23.7	24.3	24.8	25.4	26.0	26.5
90	27.1	27.7	28.3	28.9	29.5	30.1	30.7	31.3	31.9	32.5
100	33.1	33.8	34.4	35.0	35.7	36.3	37.0	37.7	38.3	39.0
110	39.7	40.4	41.0	41.7	42.4	43.1	43.8	44.5	45.2	46.0
120	46.7	47.4	48.1	48.9	49.6	50.4	51.1	51.8	52.6	53.4
130	54.1	54.9	55.7	56.4	57.2	58.0	58.8	59.6	60.4	61.2
140	62.0	62.8	63.6	64.4	65.2	66.0	66.8	67.7	68.5	69.3
150	70.2	71.0	71.9	72.7	73.5	74.4	75.3	76.1	77.0	77.8
160	78.7	79.6	80.4	81.3	82.2	83.1	84.0	84.9	85.7	86.6
170	87.5	88.4	89.3	90.2	91.1	92.0	93.0	93.9	94.8	95.7
180	96.6	97.5	98.5	99.4	100.3	101.3	102.2	103.1	104.1	105.0
190	105.9	106.9	107.8	108.8	109.7	110.7	111.6	112.6	113.5	114.5
200	115.5	116.4	117.4	118.3	119.3	120.3	121.2	122.2	123.2	124.2

续上表

Δh	0	1	2	3	4	5	6	7	8	9
210	125.1	126.1	127.1	128.1	129.0	130.0	131.0	132.0	133.0	134.0
220	135.0	135.9	136.9	137.9	138.9	139.9	140.9	141.9	142.9	143.9
230	144.9	145.9	146.9	147.9	148.9	149.9	150.9	151.9	152.9	153.9
240	154.9	155.9	156.9	157.9	158.9	159.9	161.0	162.0	163.0	164.0
250	165.0	166.0	167.0	168.0	169.0	170.1	171.1	172.1	173.1	174.1
260	175.1	176.1	177.1	178.2	179.2	180.2	181.2	182.2	183.2	184.3
270	185.3	186.3	187.3	188.3	189.3	190.3	191.4	192.4	193.4	194.4
280	195.4	196.4	197.4	198.5	199.5	200.5	201.5	202.5	203.5	204.5
290	205.6	206.6	207.6	208.6	209.6	210.6	211.6	212.6	213.6	214.7
300	215.7	216.7	217.7	218.7	219.7	220.7	221.7	222.7	223.7	224.7
310	225.7	226.7	227.7	228.7	229.7	230.7	231.7	232.7	233.7	234.7
320	235.7	236.7	237.7	238.7	239.7	240.7	241.7	242.7	243.7	244.7
330	245.7	246.7	247.7	248.7	249.6	250.6	251.6	252.6	253.6	254.6
340	255.6	256.5	257.5	258.5	259.5	260.5	261.4	262.4	263.4	264.4
350	265.3	266.3	267.3	268.2	269.2	270.2	271.2	272.1	273.1	274.1
360	275.0	276.0	276.9	277.9	278.9	279.8	280.8	281.7	282.7	283.6
370	284.6	285.6	286.5	287.5	288.4	289.4	290.3	291.2	292.2	293.1
380	294.1	295.0	296.0	296.9	297.8	298.8	299.7	300.6	301.6	302.5
390	303.4	304.4	305.3	306.2	307.1	308.1	309.0	309.9	310.8	311.8
400	312.7	313.6	314.5	315.4	316.3	317.3	318.2	319.1	320.0	320.9

500 ～ 700 m（$n = 16$, $\sigma = 2.0$, Δh 单位：m，重力改正值单位：μGal）

Δh	0	1	2	3	4	5	6	7	8	9
0	0.0	0.0	0.0	0.0	0.0	0.0	0.0	0.0	0.0	0.0
1	0.0	0.0	0.0	0.0	0.0	0.0	0.0	0.0	0.0	0.0
2	0.0	0.0	0.0	0.0	0.0	0.0	0.0	0.0	0.0	0.0
3	0.0	0.0	0.0	0.0	0.0	0.0	0.0	0.0	0.0	0.0
4	0.0	0.0	0.0	0.0	0.0	0.0	0.0	0.0	0.0	0.0
5	0.0	0.0	0.0	0.0	0.0	0.0	0.0	0.0	0.1	0.1
6	0.1	0.1	0.1	0.1	0.1	0.1	0.1	0.1	0.1	0.1
7	0.1	0.1	0.1	0.1	0.1	0.1	0.1	0.1	0.1	0.1

续上表

Δh	0	1	2	3	4	5	6	7	8	9
8	0.1	0.1	0.1	0.1	0.1	0.1	0.1	0.1	0.1	0.1
9	0.1	0.1	0.1	0.1	0.1	0.1	0.1	0.1	0.1	0.1
10	0.1	0.2	0.2	0.3	0.3	0.3	0.4	0.4	0.5	0.5
20	0.6	0.7	0.7	0.8	0.9	0.9	1.0	1.1	1.2	1.3
30	1.3	1.4	1.5	1.6	1.7	1.8	1.9	2.0	2.2	2.3
40	2.4	2.5	2.6	2.8	2.9	3.0	3.2	3.3	3.4	3.6
50	3.7	3.9	4.0	4.2	4.3	4.5	4.7	4.8	5.0	5.2
60	5.3	5.5	5.7	5.9	6.1	6.3	6.5	6.7	6.9	7.1
70	7.3	7.5	7.7	7.9	8.1	8.3	8.5	8.8	9.0	9.2
80	9.4	9.7	9.9	10.2	10.4	10.6	10.9	11.1	11.4	11.7
90	11.9	12.2	12.4	12.7	13.0	13.2	13.5	13.8	14.1	14.4
100	14.6	14.9	15.2	15.5	15.8	16.1	16.4	16.7	17.0	17.3
110	17.6	18.0	18.3	18.6	18.9	19.2	19.6	19.9	20.2	20.6
120	20.9	21.2	21.6	21.9	22.3	22.6	23.0	23.3	23.7	24.0
130	24.4	24.7	25.1	25.5	25.8	26.2	26.6	27.0	27.4	27.7
140	28.1	28.5	28.9	29.3	29.7	30.1	30.5	30.9	31.3	31.7
150	32.1	32.5	32.9	33.3	33.7	34.1	34.6	35.0	35.4	35.8
160	36.3	36.7	37.1	37.6	38.0	38.4	38.9	39.3	39.8	40.2
170	40.7	41.1	41.6	42.0	42.5	42.9	43.4	43.9	44.3	44.8
180	45.3	45.7	46.2	46.7	47.2	47.6	48.1	48.6	49.1	49.6
190	50.1	50.5	51.0	51.5	52.0	52.5	53.0	53.5	54.0	54.5
200	55.0	55.5	56.1	56.6	57.1	57.6	58.1	58.6	59.1	59.7
210	60.2	60.7	61.2	61.8	62.3	62.8	63.4	63.9	64.4	65.0
220	65.5	66.0	66.6	67.1	67.7	68.2	68.8	69.3	69.9	70.4
230	71.0	71.5	72.1	72.6	73.2	73.8	74.3	74.9	75.4	76.0
240	76.6	77.1	77.7	78.3	78.9	79.4	80.0	80.6	81.2	81.7
250	82.3	82.9	83.5	84.1	84.7	85.2	85.8	86.4	87.0	87.6
260	88.2	88.8	89.4	90.0	90.6	91.2	91.8	92.4	93.0	93.6
270	94.2	94.8	95.4	96.0	96.6	97.2	97.8	98.4	99.0	99.6
280	100.3	100.9	101.5	102.1	102.7	103.3	104.0	104.6	105.2	105.8

续上表

Δh	0	1	2	3	4	5	6	7	8	9
290	106.4	107.1	107.7	108.3	108.9	109.6	110.2	110.8	111.5	112.1
300	112.7	113.4	114.0	114.6	115.3	115.9	116.5	117.2	117.8	118.4
310	119.1	119.7	120.4	121.0	121.6	122.3	122.9	123.6	124.2	124.9
320	125.5	126.2	126.8	127.4	128.1	128.7	129.4	130.0	130.7	131.3
330	132.0	132.6	133.3	134.0	134.6	135.3	135.9	136.6	137.2	137.9
340	138.5	139.2	139.9	140.5	141.2	141.8	142.5	143.1	143.8	144.5
350	145.1	145.8	146.5	147.1	147.8	148.4	149.1	149.8	150.4	151.1
360	151.8	152.4	153.1	153.8	154.4	155.1	155.8	156.4	157.1	157.8
370	158.4	159.1	159.8	160.4	161.1	161.8	162.4	163.1	163.8	164.5
380	165.1	165.8	166.5	167.1	167.8	168.5	169.2	169.8	170.5	171.2
390	171.8	172.5	173.2	173.9	174.5	175.2	175.9	176.5	177.2	177.9
400	178.6	179.2	179.9	180.6	181.3	181.9	182.6	183.3	184.0	184.6
410	185.3	186.0	186.7	187.3	188.0	188.7	189.4	190.0	190.7	191.4
420	192.0	192.7	193.4	194.1	194.7	195.4	196.1	196.8	197.4	198.1
430	198.8	199.5	200.1	200.8	201.5	202.2	202.8	203.5	204.2	204.8
440	205.5	206.2	206.9	207.5	208.2	208.9	209.6	210.2	210.9	211.6
450	212.2	212.9	213.6	214.3	214.9	215.6	216.3	216.9	217.6	218.3
460	219.0	219.6	220.3	221.0	221.6	222.3	223.0	223.6	224.3	225.0
470	225.6	226.3	227.0	227.6	228.3	229.0	229.6	230.3	231.0	231.6
480	232.3	233.0	233.6	234.3	235.0	235.6	236.3	237.0	237.6	238.3
490	238.9	239.6	240.3	240.9	241.6	242.3	242.9	243.6	244.2	244.9
500	245.6	246.2	246.9	247.5	248.2	248.8	249.5	250.2	250.8	251.5